轴承零件加工质量缺陷分析及防控措施

邢振平　郭玉飞　邢　健
蔡美怡　翟敬宇　韩清凯
著

武汉理工大学出版社
·武汉·

图书在版编目(CIP)数据

轴承零件加工质量缺陷分析及防控措施/邢振平等著. —武汉:武汉理工大学出版社,
2020.5
ISBN 978-7-5629-6235-9

Ⅰ.①轴… Ⅱ.①邢… Ⅲ.①轴承-零部件-加工-质量控制-研究 Ⅳ.①TH133.3

中国版本图书馆 CIP 数据核字(2019)第 300791 号

项目负责人:王兆国	责 任 编 辑:王兆国
责 任 校 对:雷红娟	排 版:芳华时代

出 版 发 行:武汉理工大学出版社(武汉市洪山区珞狮路 122 号 邮编:430070)
　　　　　　http://www.wutp.com.cn
经 销 者:各地新华书店
印 刷 者:武汉市金港彩印有限公司
开 本:787×1092 1/16
印 张:14
字 数:358 千字
版 次:2020 年 5 月第 1 版
印 次:2020 年 5 月第 1 次印刷
定 价:85.00 元

前　　言

　　轴承零件在锻造、车削、热处理、磨加工及零件流通工序中,由于原材料质量问题,或因为设备、工艺等原因,经常出现废品零件,甚至成批零件报废,造成不可避免的经济损失。为了避免重复出现同类质量问题,只有对废品零件进行系统、全面地分析,查找出现质量问题的原因,制订相应的解决措施,才能达到减少经济损失的目的。在废品分析过程中,也可以发现与产生废品不相关的其他方面的问题,如判断材料选择的合理性、纠正不合理的加工工艺,进而总结教训,制订相应的改进措施,起到预防废品产生的作用并不断提高轴承制造水平。

　　通常导致轴承零件出现质量问题有五个方面的原因:材料缺陷、锻造不当、车加工不当、热处理不规范、磨削质量问题等。本书主要从这五个方面进行探讨,也对个别小工序进行了分析。由于在生产的任一工序都有出现问题的可能性,所以生产工序越少越好。从生产成本考虑,轴承零件在生产过程中产生的缺陷,发现得越及时,生产成本就越低。由于每道工序都会发现存在质量问题的产品,这些质量问题的出现可能是本工序的,也可能是上一工序的,甚至是间隔几道工序之前的。单一的质量问题比较好判定,当引发质量问题的原因并非单一时,我们把主要原因归于上一工序,即遵守“判前不判后”原则。比如,因为材料本身内部存在夹皮、内裂、白点等,零件在淬火后开裂,不论淬火组织是否合格,零件开裂的原因应该判定为材料缺陷引发的,这样便于责任的落实和轴承质量的提高。不同工序产生的废品具有不同的特征,甚至同种缺陷在不同工序具有不同的表现形式。基于每道工序及缺陷的特点,将众多废品进行分类,用宏观的手段表现出来,便于普通工作人员做出分析和判断,对其微观形态进行描述并分别阐述其产生原因,就如何避免问题的再次出现提出了建议。

　　按原材料固有的缺陷分析,可以单独成为一个体系。我们在此主要探讨原材料缺陷在轴承制造过程的一些表现,而不对原材料缺陷本身进行详细的评述。此外,在轴承加工过程的车、磨工序中产生的尺寸方面的废品及产生尺寸废品的原因比较直观,在此不进行描述。

　　作为废品分析或质检人员,必须具有良好的职业道德,对质量问题做出公正的判定,同时需要掌握零件加工中各道工序特点和容易出现的问题,具有精湛的检测水平和分析判断能力,减少或杜绝错判和误判。生产一线的普通工作人员需要的不是一本专业的教科书,而是一本能指导自己工作的使用手册。笔者将多年工作中积累的资料进行总结,以断口分析为主,配合其他简单的分析,力求给生产一线的工作人员献上一本有助于解决实际问题的工具书。

　　本书内容紧密结合生产实际,面向普通工作人员,根据零件外形缺陷的特征,分析缺陷产生的原因并提出解决方法,给读者提供具体的示例和有益的启发,希望对轴承制造过程有所帮助。

　　由于编写时间和水平有限,一些类型的废品没有收集齐全,分析错漏之处敬请读者批评指正。本书在编写过程中得到很多同事的支持和帮助,在此一并表示感谢。

邢振平

2019 年 6 月

目　　录

1 断口分析

分析断口是废品分析的基础，是查找开裂原因最简洁的方法。钢的断口是指工件开裂后，破坏部分外观形貌的通称。断口由裂纹源、扩展区、瞬时断裂区三部分组成，断口形貌真实地记载了裂纹的产生、扩展和断裂的过程。断口上附加的外来物质，说明工件断裂时所处的环境。

断口分析是对断口表面的宏观形貌和结构进行直接观察和分析，通常把放大倍率低于50倍的观察称为宏观观察，放大倍率高于50倍的观察称为微观观察。所以，断口的宏观分析，就是用肉眼或借助于普通放大镜来研究断口特征的一种方法，是断口分析的基础。通过简单的方法，利用识别零件断口形貌或断口特征，发现工件断裂规律，达到确定废品产生原因的能力，对断口的识别是很重要的。

断口分析的一个重要方面，在于分析断口的形貌特征、裂纹源形态、位置、裂纹扩展方向，以及其他因素对断口的影响，甚至是零件的受力方向和大小，诸如剪切、拉伸、弯曲等各种受力状态。读懂并收集包括裂纹源、裂纹扩展方向、过程痕迹、开裂过程、受力情况及所处环境等诸多信息，以便对裂纹的形成原因做出正确的判断。

按断口断裂性质、断裂途径不同，可以将断口分成很多种，比如脆性断口、韧性断口、沿晶断口、解理断口等等，但要了解这些，甚至深入地研究材料的冶金因素和环境因素对断裂的影响，通常还需要对断口表面进行微区成分分析、微观形貌分析、色谱分析、断口应力分析、应变分析等等，这些必须建立在一定的理论基础上，在此不做叙述。此处只对断口的形貌做简单的介绍，以便于理解、掌握。

在轴承制造过程中的许多废品，可以通过其外观特点确定其产生的原因，即使没有开裂也可以判定零件报废的原因。一些情况下是为了更准确地分析造成废品的原因，用人为的方法让零件从原来裂纹处破碎断开，以便观察断口形貌。

为了研究造成断裂的原因，就要求断口表面保持断裂时真实的状态，否则会引起分析困难甚至判断错误，为此，保护断口不受损变质很重要，保护断口要遵循既不增加外来物也不使断口原有东西失掉为原则，断口面，特别是裂纹源区尽可能不受冲击或磨损，所以，应第一时间对断口进行详尽的观测并做好记录。如果不能在第一时间内观察到断口，在观察时就应依据经验分清断口上呈现的内容哪些是后来的，哪些是原有的。

在废品分析中，找到合适的切入点很重要，可以避免大量不必要的工作，缩短分析时间。如，在钢球生产过程中，批次中出现一粒钢球沿圆周开裂，在热酸洗后发现，圆周裂纹出现位置为环带边缘，见图1-1。从外观观察分析，裂纹边沿为不规则形状，呈锯齿形，基本可以断定，此裂纹应与热处理无关，所以，检验淬火组织无任何意义。如果将工件从裂纹位置破碎，观察断口，裂纹边沿存在氧化和脱碳，可以基本确定开裂原因及裂纹形成的工序。为保证观察的断

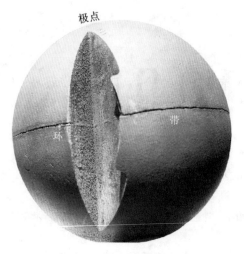

图 1-1   沿环带开裂的钢球

口为原始形貌,无人为破坏痕迹,观察断口的试样必须在钢球热酸洗前切取。

钢球在热状态下通过冲压进行去环处理,由于个别钢球温度较高,凸环向一侧弯曲变形,在环带一侧形成折叠,最终在成品阶段,残留一周边沿不平整的裂纹,所以裂纹没有出现在钢球两极点的中心环带位置,而是处于原始的环带边沿。

因此,我们不赞同在做出大概的分析判断前对断口进行清洗。因为清洗会洗掉一些重要的线索,而往往这些线索是不可再生的。比如淬火油或磨削液等在断口上的沉积色或附着物对于分析都是有用的,它们会因为清洗而发生变化或消失,不利于进行正确的判断。

1.1 裂 纹 源

裂纹源就是指裂纹开裂的起始部位,是引发零件断裂的基本缺陷。工件产生开裂的原因不同,裂纹源种类不同。材料缺陷、车工过程的缺陷、磕伤,甚至零件上原本具有的微细裂纹等都会成为零件开裂的起点。它可能是一个微细的点,见图 1-2、图 1-3。当裂纹源位于一条线或面,称为裂纹源区,见图 1-4、图 1-5。如磕伤引起的开裂其裂纹源就是一个点,磨削加工产生的开裂及线性材料裂纹引发零件的开裂,其裂纹源是一条线。总之,产生开裂的原因不同,裂纹源的种类也不同,各有各的特点。裂纹源状态代表零件最终开裂或失效的初始因素,当把裂纹源读懂的时候,对于简单的裂纹产生的原因基本上可以判定出来。

1.2 裂纹扩展痕

零件的开裂是从裂纹源开始向其他方向不断扩展的结果,驱动力就是各种应力。裂纹在扩展过程中会因为金属的撕裂留下纹路,把裂纹扩展过程中留下的痕迹简单分为宏观的河流花样和海滩状条纹(贝壳纹)两种形式。这两种形式的撕裂痕迹可能以一种形式存在,也可能两种形式同时存在于一个断面,总体上记录了裂纹的扩展方向、受力情况等。裂纹源在这些扩展痕的上游或海滩状条纹(贝壳纹)的中心点,属于发散型扩展,见图 1-2、图 1-7。但极个别的时候扩展痕呈逆河流花样,如图1-11,属于聚束型扩展。

通过分析扩展痕,有利于对裂纹源的位置做出明确的判断,特别是在裂纹源不清晰的情况下,扩展痕更显得极为重要。

观测扩展痕,除可以清楚地观察到裂纹的扩展方向外,对金属的韧性可以有所了解,对于经验丰富的检验人员,通过观测断口的裂纹扩展痕可以明确判定热处理质量的好坏,见图1-6。

另外,裂纹扩展痕也可以很清晰地表明零件受到应力或外力的大小、方向及裂纹扩展的次数,也可以观察到不同状态下的开裂次数(通常分为一次开裂、二次开裂甚至多次开裂)。这对于废品分析非常重要,因为大多数裂纹是自裂纹源多次扩展造成的,见图1-7,通过观察断口,可以了解零件的受力情况,便于改进。

1.3　过程痕迹

零件开裂后,在断口上总会保留开裂时的环境特征,如淬火裂纹在淬火及回火前的放置过程中总会有淬火介质渗入到裂纹内部,在回火后,淬火介质烘干后的污渍就保留到裂纹的断口上。开裂时环境温度也会导致断口色泽的变化,见图1-7。再如锻造的水炸裂纹,由于裂纹在退火前已经形成,在退火过程中裂纹内自然会存在氧化和脱碳,普通淬火只会加重但不会改变此特征。这些环境特征,对于分析裂纹产生的原因能提供有利的帮助。

1.4　图例说明

图1-2是材料内部缺陷导致工件在外力作用下产生的开裂,由断口形貌可以确定,是以材料内部缺陷为源点,一次性由内向外发散型扩展导致的断裂。

以材料点状缺陷为裂纹源,由内向外开裂的情况出现的概率比较小,如果出现,往往宏观可见;如果做微观检验,在裂纹源位置经磨制后能见到比较大的夹杂颗粒、微细裂纹、孔洞等。击伤、垫伤点、锻造折叠在车工后的残余,个别时候也能引发零件以微细点为裂纹源的开裂。

图1-2中的黑色箭头指示的裂纹扩展方向,其背向为裂纹源位置。

图1-2　心部材料缺陷引起开裂的断口形貌

　　在车工工序,往往存在着一个认知误区——裂纹不是车工造成的,从而忽略了车工不当对以后工序的影响。但实际上,车工缺陷导致后面工序中开裂的例子很多,如图1-3就是钻孔后孔洞边沿未清理,毛刺微细裂纹引发的淬火开裂。

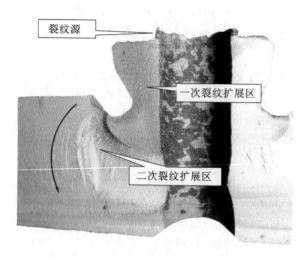

图1-3　由车工造成的缺陷引起的淬火裂纹断口形貌

　　在车工工序产生的缺陷引起零件的淬火开裂形式是多种多样的,存在车刀尖引起的车刀花裂纹、油沟淬火裂纹、字头尖角引起的淬火裂纹等,每种都有自己的特点,需要进行具体的分析。

　　图1-4为磨加工裂纹引起的断裂,在断口上裂纹源为一条直线。磨加工裂纹的特点是裂纹等深、底部尖锐,存在磨削裂纹后,零件在外力作用下很容易开裂。磨削裂纹等深,是指单条裂纹深度几乎一致,但同一磨削面分布的裂纹深度因局部应力大小不同而深度不同。由于裂纹在磨削过程中产生,裂纹内部往往会进入磨削液,磨削液残留使断口的色泽发生变化,以黄色居多。

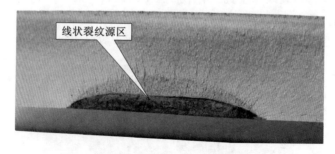

图1-4　以磨加工裂纹为裂纹源的断口形貌

　　图1-5为材料缺陷引起的滚动体在淬火过程中的开裂及裂纹的扩展,是经常遇到的一种情况,在原始裂纹的边沿都存在一定程度的脱碳。由于滚动体为车制加工,原始缺陷沿原始轧制方向呈直线分布,不随滚动体外形变化。

　　判断原材料缺陷作为零件开裂的裂纹源时要注意:经过锻造的零件,原始缺陷由于经过氧化和多次挤压,其形貌很模糊,甚至呈颗粒状。只有没有经过挤压的缺陷,才可以表现出明显的原始状态。

图 1-5 以材料缺陷为裂纹源的断口形貌

出现图 1-6 所示的断口,是由于零件在热处理过程中,采用了高温短时加热的方法或保温严重不足造成的。壁厚小的位置组织得到了充分的转变,在淬油后呈现为脆性断口;但在壁厚大的位置组织没有进行转变或转变不完全,淬油后表现为韧性断口。这种缺陷,在大型轴承零件中经常出现。

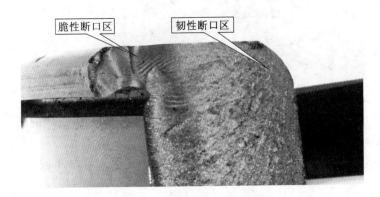

图 1-6 热处理不当的一种断口

图 1-7 为渗碳滚动体在使用过程中受循环外力作用下开裂的断口形貌。外力的每次作用,都使裂纹扩展时留下一条弧线(贝纹线),逐渐形成像贝壳一样的花样。这些弧线称为海滩状条纹(贝壳纹),贝纹线内弧中心点即为裂纹源。

图 1-7 海滩状条纹(贝壳纹)断口

滚动体是自裂纹源多次扩展造成的开裂。由于每次受力,裂纹扩大一部分,形成一条贝纹线,从断口中基本可以看出开裂的次数,贝纹线的宽度表示其受力大小及是否受力均匀等。

这样的断口是受循环外力作用下形成的,也就是说,基本是发生在使用过程中破坏的零件断口上。

图 1-8 为自由锻支撑棍使用后开裂的断口形貌。由于高温套圈毛坯总处于支撑棍某一位置，使之局部产生热疲劳，形成热疲劳区。在此基础上，套圈毛坯每次受力，传导到支撑棍，疲劳区进行一次扩展，形成贝纹线，以此为开裂基础，最终形成一次性开裂。循环受力区与最终一次性断裂区界限明显，从断口色泽可以判断，此支撑棍断裂发生在温度较低状态，而不是出现在支撑棍工作的中后期。

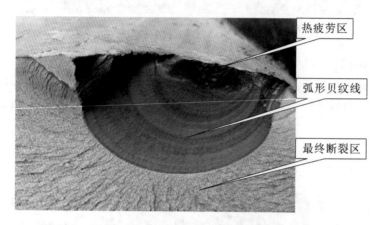

图 1-8　自由锻支撑棍使用后开裂的断口形貌

在贝纹线形成过程中，未断裂的支撑棍一直处于受热状态，带贝纹线的断裂部分因高温氧化而呈现氧化色泽，但整体断裂时，支撑棍温度低于 200℃。

图 1-9 为带有原始裂纹的车制滚动体在热处理后开裂，所展现的不同因素、不同阶段留下的痕迹。

图 1-9　滚动体纵向开裂断口

（1）外力破坏区

外力破坏区与淬火开裂区界限明显，并以界限为破坏区裂纹延伸的起始位置，端面出现宽度较大的撕裂楞，属于淬、回火后正常断口。断口干净，无任何杂质存在。

（2）淬火开裂区

断口比较细腻，撕裂楞细小，说明断裂过程有别于外力破坏，属于脆性较大的组织开裂状态。断口不存在氧化,呈均匀的暗黄色,属于淬火介质进入裂纹在回火后的残余污渍,说明此区域是在加热保温后淬火时开裂的,由于此时组织为脆性较大的淬火马氏体,断口细腻。

(3)原始裂纹区

裂纹纵向贯穿整个滚动体,裂纹等宽并与边沿平齐,说明原材料中裂纹长度很大。裂纹中存在有很薄的氧化皮,说明原始裂纹非常细,在热处理淬火过程中氧化轻微,并非原始裂纹中氧化状态。断面出现平滑的波浪,属于金属间相互冷挤压特征,说明裂纹存在于钢料的冷拔前。均匀分布的细小纵纹,大多呈现平行状态,类似于线切割残留痕迹,但细致观察可见个别区域纵纹中带有一定角度,属于材料拔长过程中楞状缺陷变成长线条分布的一种形式。

在图 1-10 所示断口为河流花样和海滩状条纹(贝壳纹)两种形式共存形态,说明工件受力为循环力,开裂过程中产生贝纹线,因材料具有较高的韧性,裂纹扩展按一定的界面进行而呈连续性,形成撕裂形态的河流花样。

图 1-10 河流花样和海滩状条纹(贝壳纹)两种形式共存的断口

在普通断裂面显示,工件的开裂是由一个点或一个区域开始向外扩展的,断裂面逐渐加大。所以,形成的河流花样是由小区域到大区域的发散形态,如图 1-10 所示就是典型的发散型的河流花样,是比较普遍的一种花样,但个别情况下,裂纹也可能由大区域向小区域扩展,形成逆河流花样。

图 1-11 为磨加工引起开裂的另一种形式,多发生在球面轴承外圈范成法磨削时,砂轮撞击磨削面形成的。裂纹源于碎块边沿,裂纹经过了由点(线)向大面积扩展的过程,但后又变为一点,河流的尾部指向裂纹源。裂纹形成后在扩展的过程中方向发生变化并连在一起,在交错位置留下交错痕迹。

在此断裂面,可以观察到过程痕迹,依开裂时间不同,围绕最终断裂区形成的黄色和褐黄色两圈磨削液的残留,褐黄色是磨削液在附加回火后固化在断口上的表现形式。由此可以推断,裂纹的产生出现在粗磨阶段,碎块是在不同时间段经最少三次以上裂纹扩展延伸形成的。

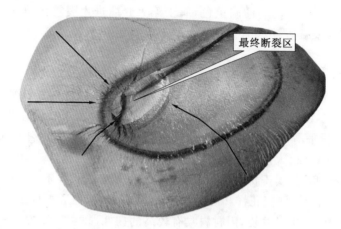

图 1-11　磨加工不当碎裂的断口

　　在一些情况下,断口中裂纹源及裂纹扩展方向不具备明显特征,甚至模糊不清,属于比较难判断的。这与材料的热处理状态即组织形态有关,同时,与零件的受力状态有密切的关系。所以在观察断口时,要历练自己的观察能力,注意每一个细节,避免判断失误。

　　图 1-12 是大壁厚工件采用到温入炉方式加热时因炉内气氛循环不足,工件内外温度相差较大造成热应力导致的开裂,由于不存在明显的撕裂楞,宏观状态下的裂纹扩展方向很不明显。

图 1-12　退火材热状态下的开裂

　　因工件从炉内取出后存在余温,使断口呈现氧化色泽,裂纹源位置未见明显的缺陷。在断口上,因韧性差,没有明显的塑性变形,裂纹扩展痕迹不明显。

　　注解:

　　一般教科书上,"河流花样"是微观解理断口电子图像的主要特征,河流花样中的每条支流都对应着一个不同高度的相互平行的解理面之间的台阶。解理裂纹扩展过程中,众多的台阶相互汇合,便形成了河流花样。在河流的"上游",许多较小的台阶汇合成较大的台阶,到"下游",较大的台阶又汇合成更大的台阶。河流的流向恰好与裂纹扩展方向一致。所以人们可以根据河流花样的流向,判断解理裂纹在微观区域内的扩展方向。

　　由于我们不做微观检测,只是在宏观状态评述断口形貌,确定裂纹发展方向,我们在此将宏观状态下可见的、反映裂纹扩展方向的痕迹称为宏观河流花样。

② 材料缺陷

　　材料在投入使用前,按订货协议或相关标准,会进行包括高、低倍及外观质量的严格检查,但只是对原材料进行一定比例的抽检,100％的检查目前做不到,甚至是不可能实现的事情。因此,在零件制造过程中不可避免混入个别带有缺陷的材料,并且在零件加工、使用过程中不断地表现出来。从我们的愿望出发,缺陷越早表现出来,产生的影响和损失越小。

　　轴承零件常见的材料缺陷有材料裂纹、折叠、拉伤、白点、脱碳、夹杂、内裂、碳化物偏析、异金属夹杂、缩管残余、显微孔隙等。以上缺陷只是在原材料检验过程中对各种缺陷的称呼,但在经过不同工序后,我们将在以后加工工序表现出来材料本身的表面裂纹、折叠、内裂、皮下气泡等都可以统称为材料裂纹。

　　材料本身具有的缺陷可分为内部缺陷和外部缺陷两种。外部缺陷由于出现在材料的表层,如折叠、拉伤、结疤等在轴承零件生产的各个工序都很直观,在严重的情况下,锻打成形时锻件就会开裂。

　　对于用棒料车制的零件(大多为滚动体、冷辗压成型套圈),如果材料裂纹的深度超过车工留量时,不会将裂纹清除干净,在随后的淬火过程中,裂纹两侧的脱碳加重,或在热处理应力的作用下裂纹扩大,造成报废,宏观就可以发现。材料裂纹的深度在小于车工留量时,原始裂纹底部的脱碳如果没有清理干净,在随后的热处理过程中会加重,甚至导致零件的开裂、软带、软点等。这些缺陷在加工过程中随着各工序及各种检验逐渐表现出来,流入到成品的机会是很小的。

　　材料内部存在的缺陷,比如白点、异金属、疏松等由于具有一定的隐蔽性,在非破坏性检验及超声波检验时不易检出,往往会进入最后的工序甚至进入成品。

　　要知道材料缺陷的产生原因,必须了解材料的加工过程,这部分工作是在钢材厂完成的。材料加工过程简化如下:

　　冶炼→真空脱气→浇铸→钢锭表面清理→扩散处理→钢锭加热→初轧开坯(方坯)→切头→轧圆→截支→冷床冷却→缓冷。

　　对于退火小圆料还有如下工序:

退火→剥皮→冷拔

　　每个钢厂生产流程不同,也会根据具体需要,采用不同的生产工序。

　　冶炼、浇铸是产生夹杂、夹灰、偏析、翻皮、气泡、砂眼、缩孔等缺陷的过程。这些缺陷,有的可以在以后的加工工序中清除,有的可以得到改善。钢锭加热前及初轧开坯后需要清理干净表面存在的缺陷,如表面折叠、气泡、结疤、凹坑、翻皮等,不使其缺陷流入下道工序。因为进入下道工序后,随着轧制比的增加、长度增加,多以沿轴向分布的裂纹形式存在,清理更加困难。

　　切头是指将原冒口位置的部分切除,避免冒口处存在的缺陷进入成品,切除部分的质量多为整体质量的 15％～20％。当追求成材率时,切头不足是缩孔残余或夹灰残留的主要原因。

冷床冷却是为了将轧制好的高温棒料单层均匀摆放,目的是使高温棒料快速冷却,避免在高温组织转变区形成网状碳化物。

当棒料温度冷却到组织转变点以下时,将棒料放入缓冷坑中冷却,目的是降低棒料的冷却速度,有利于氢的扩散及内部应力的减小,防止在棒料内部形成白点及内裂等。

对于要求退火的材料,需要经退火处理。由于工艺不当,会出现退火欠热、过热、冷却不良使材料内应力大、硬度偏高等;当退火炉况不好时,会出现材料组织、硬度不均的问题,特别是棒材两端易出现硬度偏高的现象。

对圆尺寸和精度要求比较严格的滚动体用料,需要经过冷拔处理,也会由于工艺不当或工具问题使材料表面产生轴向裂纹,甚至出现沿圆周分布的周向裂纹等。

为了客户使用方便,棒材可以以剥皮、磨光状态交货,其目的是去除材料的表面脱碳、统一尺寸等。但在磨床不稳定的情况下,或工艺不当时,易出现三角、椭圆等,甚至表面脱碳不能完全去除。

电渣重熔钢的冶炼,是在浇铸的钢锭表面清理后,增加电渣重熔的工序,以钢锭做电极,重新熔化,目的是经过重熔,使钢材纯净度增加,对于非惰性气体保护下的电渣重熔,氧含量发生变化。所以,在电渣重熔钢技术指标中,不规定氧含量。

在电渣重熔生产过程中停电,使浮于钢液表面的钢渣凝固,需要停炉重新加工,但不规范的生产,如短时断电的连续加工,会导致材料中段夹杂物大量增加,造成小批次产品夹杂物超标。

2.1　表　面　裂　纹

(1)表面裂纹的类型

不论锻材还是热轧材,材料上的表面裂纹多是夹灰、翻皮(表面)、折叠、气泡、砂眼等,它们是在开坯前没有去除干净而在材料锻轧、拉伸过程中保留下来并暴露在表面的裂纹。由于裂纹多沿轧制方向分布,我们称其为轴向裂纹,见图2-1。

图 2-1　热轧材表面轴向裂纹

对于锻材,材料表面存在的裂纹往往是不规则的,任何方向的裂纹都可能存在,裂纹向内部扩展,也不一定垂直于表面。而横向裂纹多存在于冷拔材料的表面,是由于冷拔不当造成的。

进厂材料检验过程中,裂纹是不允许存在的,对于原有的表面裂纹可以按一定的方式进行适当的打磨清理加以消除。

在原料锻拔过程中,也会形成新的缺陷——折叠,它属于材料表面缺陷,是材料表面已经氧化的金属在锻轧时汇聚在一起形成的,属于金属非均匀变形所致,在钢材轧制及锻造过程中均可以形成。

(2)表面裂纹缺陷特征

裂纹两侧有脱碳,裂纹内夹有氧化皮,一般沿轧制方向分布,裂纹底部非尖锐形式,甚至开叉。对于残存的表面裂纹在不同零件及不同形式下有不同的表现,具体情况需具体分析。比如钢球上的材料裂纹从一"极点"边沿到另一"极点"边沿,中间由于冲压形成的环带,裂纹被挤压扩大,在环带被去掉或软磨后,原裂纹较浅的情况下,此处裂纹有可能消失,钢球上裂纹在环带位置被切断而呈不连贯的形式。比较深的裂纹虽然在环带处有变化但基本还有保留,裂纹显示为经过环带到两"极点"的贯穿。

带有同一种深浅表面裂纹的原材料,裂纹在软磨后是否会保留下来及是否完整,主要由软磨量大小及冲压环带的大小决定。

2.2 内 部 裂 纹

翻皮(内部)、皮下气泡、发纹、砂眼等在材料锻轧、拉伸过程中保留下来,形状发生变化,缺陷沿轧制方向分布,但并不暴露在表面的裂纹称为内部裂纹。

内部裂纹具有一定的隐蔽性,多采用超声波探伤方式检验,更容易残留在轴承零件制造过程中甚至残留于成品,危害性更大。

(1)翻皮

翻皮是钢锭表面或次表层存在的重叠氧化皮,见图2-2。浇铸时,钢锭模内钢液面因氧化和夹杂物聚集而形成一层游动的薄膜,一旦与模壁相接触,易被钢锭的凝壳粘住,当模内钢液面继续上升时,被锭壳粘住的这部分薄膜便被钢水淹没并压向模壁,形成重叠的表皮。严重的翻皮会造成轧材断裂或大片的疤皮。在浇铸过程中表面氧化膜翻入钢液中,凝固前未能浮出,也会存在于次表层位置。

图2-2 材料表皮下一定深度的翻皮

内部翻皮缺陷特点是在酸洗试片上的呈亮白色弯曲条带或不规则的暗黑线条,并在其上或周围有气孔和夹杂物;有的是由密集的空隙和夹杂物组成的条带,缺陷边沿无脱碳。

(2)皮下气泡

皮下气泡是一种常见的材料缺陷,是在钢锭浇铸冷凝过程中,气体从钢液中逸出时来不及排出,在钢材内部形成的气孔。此外,钢锭模烘烤不良,会在钢模表面残留水分或气体,以及钢锭模内表面涂料不良,形成大量气体,这些水分或气体来不及排出钢液进入钢材中,呈单条或束状,存在于距表层一定的深度内,在钢材的低倍检验中可以发现。

皮下气泡和翻皮两种缺陷都出现在次表层时,两者区别在于缺陷内是否存在氧化物。

（3）发纹

发纹由材料内部气泡经轧制拉伸形成,因缺陷细如发丝而称为发纹。形成原因是钢材冶炼时的皮下气泡或夹杂,钢锭经轧制变形后发纹沿轧制方向断续分布。发纹在锻造加工过的轴承套圈中不易发现而多出现在车制零件中,如车制的滚动体。发纹距表面深浅不一,分布无规律,在磨加工后的零件表面显露后,甚至在很浅的皮下存在时,在经磁粉探伤时都可以显示出来。

由于发纹方向为轴向,对于圆柱滚子,发纹裸露时呈现直线状态;而在圆锥滚子和球面滚子,发纹在表面裸露多为细小孔洞或针头形孔洞。

为了检验不同深度下发纹存在的严重程度,原材料上发纹的检验是通过在三台阶塔形试样上进行的,将塔形试样置于 $60\sim80℃$ 的 1∶1 盐酸水溶液中保持 30min,然后擦拭干净,借助放大镜或直接用眼睛观察。

发纹的特点是在宏观状态或借助放大镜可以发现,发纹内部光滑,可见到裂纹底部,在横断面上,此裂纹底部呈圆弧状态,易与其他裂纹形成明显区别。

发纹的存在易使零件在使用过程中产生疲劳剥落而影响使用寿命,疲劳源即为发纹,因此在轴承的表层及次表层不允许有严重的发纹存在。关于发纹的长度、数量要求及检验方式在 GB/T 3203《渗碳轴承钢》中有详细的规定。

（4）砂眼

在轴承制作过程中,铸铁保持架经车削后出现孔洞,我们统称为砂眼,实际上是一种错误的叫法,是把真正的砂眼和气孔没有进行区分而混淆。砂眼是铸件表面或内部包含着砂粒的孔穴,是钢液卷入砂型中未清理干净的砂粒或浇铸冲刷下砂型的砂粒卷入形成的。而铸件中气孔形成原因诸多,是钢液在凝固过程中陷入金属中的气泡在铸件凝固中形成的孔洞,其孔壁光滑,色泽不一。

钢锭本身就属于铸件,也会存在砂眼,但经过锻打、轧制,缺陷由孔洞演变为条状,一般会把砂眼归结于内裂的一种。

2.3　夹　　灰

夹灰是因为在炼钢中的炉砖（个别是浇铸模衬砖）、脱模剂等随钢水进入浇铸模,因为其比重要比钢水小,在边沿部位钢水凝固时它移动到浇铸模中心而与钢水最后凝固,开胚后存在于棒料的中心,见图 2-3。

由于这种缺陷多出现于浇铸坯的冒口位置,开坯后出现在棒料的一端,采取切除冒口的方式基本可以得到解决,但有的钢厂为了保证出材率,会尽量减少这部分损失。

夹灰与金属不能结合、相互渗透,是独立存在的物质,两者处于分离状态。由于两者处于分离状态及两者材料的延展性不同,在热切离时,往往会出现"舌头"花样。切断后的棒料,在中心部位出现明显的色泽差别。夹灰严重时,棒料在镦粗时就可以开裂,锻造辗环后在零件的内径出现一层灰;夹灰比较轻时,可以保留到车工甚至到成品。

图 2-3　中心夹灰

2.4　夹　　杂

钢中非金属夹杂物可分两大类,即外来非金属夹杂物和内在非金属夹杂物。外来非金属夹杂物是钢冶炼、浇铸过程中炉渣及耐火材料浸蚀剥落后进入钢液而形成的;内在非金属夹杂物主要是冶炼、浇铸过程中物理化学反应的生成物,如脱氧产物等等。

夹杂物基本分为以下几种:

①A 类(硫化物类):具有高的延展性,有较宽范围形态比(长度/宽度)的单个灰色夹杂物,一般边缘平滑,端部呈圆角。

②B 类(氧化铝类):大多数没有形变,带角的,形态比小(一般<3),黑色或带蓝色的颗粒,沿轧制方向排成一行(至少有三个颗粒)。

③C 类(硅酸盐类):具有高的延展性,有较宽范围形态比(一般≥3)的单个呈现黑色或深灰色夹杂物,一般端部呈锐角。

④D 类(球状氧化物类):不变形,带角或圆形的,形态比小(一般<3)的黑色或带蓝色的,无规则分布的颗粒。

⑤DS 类(单颗粒球状类):圆形或近似圆形,直径≥13μm 的单颗粒夹杂物。

传统类型夹杂物的评定也可通过将其形状与上述五类夹杂物进行比较,并注明其化学特征。

夹杂物的存在,破坏了母体金属的连续性并降低了金属的塑性和强度,成品零件中的夹杂,可以被看成金属的锐角、原始裂纹或疲劳源,降低了零件的疲劳寿命。严重时,夹杂物还会使钢在热加工与热处理时产生裂纹或使用时突然脆断。非金属夹杂物也促使钢形成热加工纤维组织与带状组织,使材料具有各向异性。严重时,横向塑性仅为纵向的一半,并使冲击韧性大为降低。金属中的夹杂物属于材料的冶炼缺陷,如氧化物或硫化物等,基本没有金属光泽,不同的夹杂物有不同的色彩和形状、熔点和性能,在纵断面观察时呈条带状分布,但在横断面观察时表现为不规则的点状,所以原材料检验是在纵断面进行的。

有的夹杂物还具有熔点比母体熔点低的特点,当金属在热加工时,由于夹杂物的熔化或软化降低了金属热状态下的强度,导致金属的开裂,即热脆,通常见到能引起热脆的夹杂物为硫化物。由于在金属加热、冷却过程中也具有溶解结晶过程,所以夹杂物具有在材料热加工时重新分布的特点。

比较严重的夹杂物在零件的制造、使用的各个阶段都会引起零件的破坏。制造过程中由于夹杂引起的开裂,破裂的断口上,可以观察到裂纹从一点向外扩展,检查裂纹的起始位置,可以找到相关的缺陷。使用过程中如果外力使零件整体开裂也可以观察到夹杂缺陷,但如果作为疲劳源出现,由于原始的夹杂缺陷已经剥落,是很难被发现的。

2.5 异 金 属

异金属是指材料内部出现的与基体材料组织、成分完全不相同的金属,见图 2-4。这是一种材料缺陷,从横截面上观察,可以出现在材料除边沿以外的任何部位,是钢锭冒口切除不彻底而导致吊钩在材料内部残留造成的,所以它处于原靠近钢锭冒口位置的材料中。

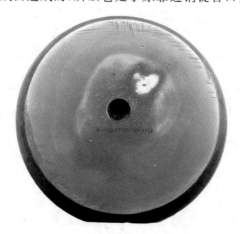

图 2-4　滚动体端面裸露的异金属

为便于钢锭的脱模和起吊,在钢锭彻底冷凝前,在冒口位置插入一个 U 形吊环,当 U 形吊环插入过深,或注明炉次的标签落入未凝固的钢液中,切冒口时不能切除的残留,即形成异金属夹杂。U 形吊环多为 45♯等类型的结构钢,与基体的轴承钢相比,色泽、硬度、组织形态及化学成分、收缩率都具有明显的差别,有异金属存在的工件在热处理过程中易在异金属内部或其边沿产生裂纹,见图 2-5。

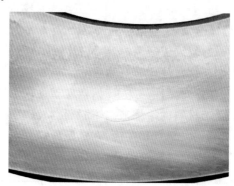

图 2-5　套圈内径裸露的异金属

同金属的焊接一样,异金属在一定条件下会与基体材料相互熔合,成分和组织相互渗透(图 2-6),其熔合程度取决于异金属进入钢液时钢液的温度。

图 2-6 异金属与基体的熔合界面

异金属的存在,破坏了金属的连续性,属于不允许存在的缺陷。依据零件加工的工序和相互之间熔合程度不同,异金属缺陷可以在各个工序被发现,甚至进入成品零件中。零件中不论出现的异金属长短、粗细,一律按废品处理。但由于这种缺陷产生的特殊性,仅会存在个别零件或少数零件中而不是存在于整批产品中,视单个零件的用料重量而定。

2.6 疏松和缩孔

疏松和缩孔产生的原因基本一致,都是由于金属凝固时的体积收缩,金属得不到及时的补充而形成的。越接近冒口位置,这种现象越明显。疏松和缩孔主要集中在材料的中心部位,见图 2-7、图 2-8,这种缺陷常见于各类滚动体及锻造过程。

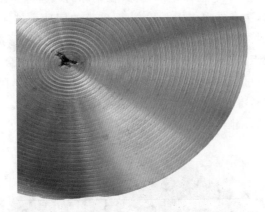

图 2-7 材料缩孔

即使在钢锭中相同面积、形状的缩孔或疏松,由于加工的棒料直径不同,其轧制比不同,缺陷的严重程度也不相同。当其严重程度影响到产品质量时,没有挽救的余地,只能报废。所以,疏松及缩孔在交货的棒材上取样检验最为关键。

在轴承零件制造的备料阶段形成的料段两端,时常会出现缩管残余的痕迹,其表现为在材料的中心位置出现明显的孔隙及舌状撕裂痕迹,但在这种缺陷轻微到一定程度时,断面的中心

图 2-8　材料中心疏松

部位与正常金属在色彩上表现出差别。

　　缩孔残余虽然在材料检验中不允许存在,但由于钢厂追求成材率,钢锭冒口端去除部分较少,缩孔的存在就成为自然的事情。就目前的锻造方式而言,比较严重的缩孔或疏松,足以引起锻件在顶锻过程中开裂,裂纹源于内部材料缺陷处,自内向外开裂。轻微的缩孔、疏松,将在锻造时冲孔、切底及后续车工车掉而消除。所以说,轻微的缩孔残余对锻造后的零件质量有多大影响,是由锻造工艺决定的。

　　对于滚动体而言,缩孔或疏松多是在滚子的两个端面的中心位置发现。边缘脱碳的孔洞或用夹杂物添满的孔洞,贯穿滚动体两端,压碎后的滚子中心可以见到类似于木材状粗纤维条带。

　　由于钢球生产的特殊性,这种有缺陷的钢球,在钢球的软磨、热处理、硬磨等各个工序都能发现,特别是硬磨钢球时,会在外力作用下开裂,而破碎的钢球会破坏光球板。从钢球断口形貌看,缩孔或疏松表现的特征比较明显,在钢球中心位置有冲压变形造成的弯曲状黑色条纹,弯曲的黑色条纹从一"极点"贯穿到另一"极点",并伴随着大量的非金属夹杂物及氧化脱碳。

　　锻件心部出现过烧,应该有两种情况。一种是锻件加热温度高,附加机械能转变的热量导致心部过烧;第二种是材料本身疏松等缺陷严重而导致的心部过烧。外观上,只要出现呈条带状过烧,均可以认定为材料缺陷,见图 2-9。

图 2-9　疏松导致的内径过烧

2.7 枝晶偏析

枝晶偏析,又名晶内偏析,是由于固溶体晶粒内部化学成分不均匀所致。枝晶偏析也属于偏析的一种,但又不同于普通的偏析。结晶温度间隔宽的固溶体合金。当冷却速度快时,发生不平衡结晶,先结晶的成分来不及充分扩散,使先结晶的主干与后结晶的支干及支干间的成分产生差异,形成枝晶偏析,材料枝晶严重时见图2-10。

图 2-10　酸洗后材料枝晶状态

金属按树枝方式结晶时,先结晶的主干与后结晶的支干及支干间的化学成分不均。对于亚共析钢而言,树枝晶的主干含碳量较低,支干及支干间含碳量较高,过共析钢反之。

枝晶偏析可通过扩散退火来消除或减轻,对于连续铸钢材料加工的大锻件来说,可以通过加大锻造比或改变锻造方式使枝晶得到改善。

对枝晶偏析进行微区内化学分析和金相检验,可确定偏析的成分和金相组织差异。也可以在淬火后,通过显微硬度方法测得硬度差来鉴别微区内化学成分的高低。

枝晶偏析的存在,导致材料出现分层、化学成分不均匀的情况,造成淬火后零件微区内硬度不均,见图2-11。硬度差别大小与枝晶偏析严重程度有关,微区内硬度不代表零件整体硬度,所以,采用显微硬度检验淬火零件热处理后硬度是不合适的,即使按规定的标准对硬度进行修订,也存在比较大的检验误差。

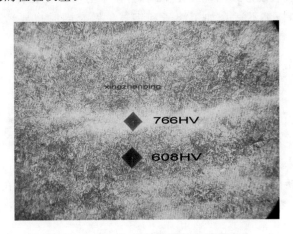

图 2-11　42CrMo 热处理后枝晶间硬度差

2.8　中心增碳

当钢液液面波动大时,覆盖剂卷入钢液,在钢液凝固过程中保留到心部,在钢材心部形成覆盖剂集中区,因为大多种类覆盖剂中含有大量的 CaO、Al$_2$O$_3$、SiO 和 C 等,此区域称为增碳区。材料的中心增碳可以通过原材料的低倍检验,在热酸洗后表现出来,料棒的中心位置可以见具有不同色泽的黑色区域,此区域碳含量要明显高于其他区域,见图 2-12。

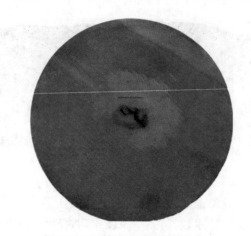

图 2-12　料棒中心增碳的宏观状态

覆盖剂是加在钢包钢液表面,主要功能是绝热保温。它必须具有的几个基本功能是:

①在液态渣层上保持一层保温、绝热的粉状物层,阻止钢水向空气传送或辐射热量,延迟冒口或钢包顶部结壳时间,缓解缩孔的形成,节省能耗,提高产量。

②隔绝钢水与周围空气的接触,减少钢液的氧化。

③不侵蚀或少侵蚀包衬,钢锭浇铸完毕后易从包衬上脱落。

④能够吸收钢水中夹杂物,如 Al$_2$O$_3$ 等。

中心增碳的成因及表现形式与缩孔是不同的,但中心增碳往往伴着中心裂纹存在。具有中心增碳和缩孔的材料,都不适合加工滚子和钢球。做套圈时也要考虑锻压加工时冲头的形状。

2.9　白　　点

钢材的断口上的扁平银亮色斑点,有的是一个,有的是很多个,斑壁光滑反光,宏观状态下为亮白色,称为白点,见图 2-13。

在一个断口上如果存在很多的白点,从外观看其方向性很不规则,没有任何规律特征,往往存在于零件心部或接近心部,具体是由锻后的冷却方式决定的。其在横向截面表现为没有规则方向的细小裂纹,裂纹附近无塑性变形,除在高温下已经暴露于空气中的白点外,裂缝处也不会有氧化和脱碳。

钢中氢的存在,是产生白点的必要条件。一般认为,白点是氢与组织应力共同作用的结果,所以,一切应力形成的因素都与白点有关。含氢量较高只是产生白点的必要条件,钢在热

图 2-13　材料横截面白点

压力加工后冷却过程中产生的内应力是产生白点的充分条件。

　　钢中存在一定量的氢气,但在 α-Fe 中氢的溶解度远低于在 γ-Fe 中氢的溶解度,在钢材轧制或加工锻件后的冷却过程中,由于金属相的变化,对氢的溶解能力急剧下降,氢原子从 α-Fe 中溢出,其直径较小,可以在金属点阵内以较高的速度扩散。达到最大扩散速度时的温度为 300～650℃,白点形成的温度区间为 250～100℃。多认为在 300℃ 以上温度缓慢冷却,可以使氢原子逸出钢材表面。但如果在锻轧时及锻轧后冷却较快,氢原子来不及扩散逸出而残留在钢中,随着温度的降低,氢在材料内部做短程扩散并积聚,形成氢分子。氢原子在结合成氢分子时体积增大,在高压氢分子和应力(热应力或组织应力)的共同作用下,足以将金属局部撕裂,而形成裂纹,即形成了白点。大锻件在锻造后低温状态下缓慢冷却是防止白点产生的有效方法。

　　白点就是对应力非常敏感的微细裂纹,由于白点分割了金属,破坏了钢的连续性,其边沿尖锐,使材料机械性能严重降低。在受外力时,造成应力集中导致零件脆性开裂。因此,有白点的零件必须报废。白点多发生在含铬、镍钢,横截面厚度大于 30mm 的珠光体和马氏体类合金钢制零件中,其他材料和厚度的零件出现的概率还是比较低的。由于白点产生的特殊性,同批次加工的零件中,一件发现内部存在白点缺陷,此批次产品基本都会存在问题,应该全部报废。

2.10　金属分层

　　金属分层主要表现在保持架冲压过程中,钢板就像用黏合剂粘在一起,受外力变形后从中间分层,这时由于有中心缺陷,特别是严重的成分偏析,经轧制后,缺陷存在于钢板的中心部位,呈片状大面积分布,破坏了钢板中心金属间的连续性和强度,受外力时很容易开裂。

　　金属中不同的组织以层片状分布,因各种组织性能差异,受外力及组织转变应力时,不同组织边界易产生裂纹,图 2-14 为钢板组织检验出现的带状组织,导致保持架冲压时分层开裂。

　　中心部位有缺陷的钢板做弯曲试验、抗拉试验时就能表现出来,但由于检验的特殊性,总有不合格的产品进入制造过程中。有严重分层缺陷的钢板有的在保持架制造过程中表现出来,有的会进入成品而被使用,严重降低了保持架的强度。所以,有分层缺陷的钢板一经发现就不能投入使用。

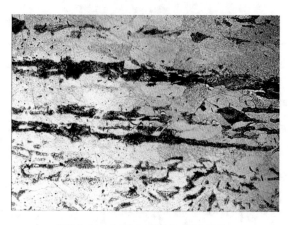

图 2-14　钢板中严重的带状组织

金属分层不单单存在于钢板中,偶尔也会在套圈中出现,见图 2-15。带有严重枝晶的42CrMo 钢连铸或钢锭直接加工的转盘轴承,会因枝晶带来的成分不均使钢中不同组织呈层状分布,热处理过程中,在套圈沟道及热影响区内出现沿周向分布的裂纹,往往误判为热处理淬火裂纹;但如果将工件解剖,会观察到数条相互间呈平行状态的裂纹分布在沟道表面和内部,属于材料缺陷,在淬火过程中工件将开裂,热处理淬火应力只是一个诱因。

图 2-15　金属分层

2.11　表　层　脱　碳

在 GB/T 18254《高碳铬轴承钢》中,对各种交货状态下的材料表面脱碳都有详细的规定,在材料进使用厂家时严格按标准验收。一般情况下,材料表面的脱碳,对于热加工用材不会保持到轴承零件车加工后。但在冷加工用材情况下,比如精密温挤压成型的轴承套圈,车制及压制滚动体等,会因材料圆度超差、材料脱碳不均匀、采用冷拉料代替剥皮磨光料使用等原因,材料的表面脱碳会保留到零件的成品状态,导致零件批量报废,所以材料脱碳在轴承制造过程中造成的废品,多集中在冷加工使用方面,如滚动体。

图 2-16 所示为棒料表面磨削后一部分位置脱碳得到保留,在酸洗后色泽差别非常明显。

表面有脱碳的材料,在热处理过程中,脱碳层深度变化不是原始脱碳和热处理脱碳的深度叠加,而是带有脱碳的零件,在热处理时,脱碳深度急剧加深。

图 2-16　棒料表面脱碳残留

2.12 打 响 料

在锻造的备料工序,很多企业采用感应加热的方式温剪,这对有些材料是不适用的,主要是由于材料的轧制后冷却过快导致内应力较大,在感应加热时,由于高速升温产生的热应力使内部处于拉伸状态,导致棒料从心部出现裂纹,并伴随一定的声响,俗称"打响料",见图 2-17。开裂是从内部开始,裂纹源在心部,自内向外扩展,断口类似于拉伸断口,具有裂纹源、扩展区、剪切唇。如果出现此类问题,应立即停止加工,因内裂的部位是随机的,已加工的料段需全部进行超声波探伤后才允许使用。

图 2-17　加热过程中从内部开裂的棒料

打响料多出现在每年的最冷季节,其原因主要是材料在轧制成棒料后,没有经过缓冷处理,使材料本身具有一定的应力。在一般加热方式下,应力可以缓慢释放而不出现问题,但在感应加热的情况下,由感应加热的特点造成棒料内部拉裂。这些材料如果做正常的理化检验,不一定能发现存在缺陷。

对于一些连铸连轧料,由于心部的疏松和偏析,在备料过程中更容易开裂,可以看到其料段的断口心部位置呈"豆腐渣"状态。

一般在材料标准和协议中,对于材料应力的要求不会做具体的规定,但由于材料内应力的存在,使材料变形能力降低,即延展能力下降,会导致材料在加热过程中开裂,在材料剪切及冲压过程中导致零件存在裂纹而报废,甚至在运输过程中受很小的外力也会断裂,这也属于原材料的一种缺陷,打响料只是比较特殊的实例。由于应力检测的难度问题,甚至是不能规定出具体的应力值大小的要求,其判定方式是轴承零件以按正常程序加工导致开裂报废为依据。

2.13　其他缺陷

材料标准中,将很多缺陷都做了明确的规定,但难免会有所遗漏,随着材料的使用逐渐被认识,质量处理过程中,不能将思维局限在以往的知识里。

下面所讲到的低熔点物质导致材料在锻造过程中局部过烧或条带状"过烧"就是一种类似于显微孔隙的材料缺陷,但特点又与普通锻造过烧不同。

大型套圈的锻造,采用直径450mm或500mm等大圆锻材进行加工,轴承终检阶段发现在套圈内径存在缺陷,缺陷形式为条带状空洞缺陷,缺陷外观见图2-18,所有套圈缺陷形态基本相同,只有轻重之分,最轻微时,仅在套圈表面显示细小的点状针孔,很容易被忽略。

图2-18　套圈内径面条带状孔洞

将有缺陷的套圈破碎,缺陷处横截面断口形貌如图2-19所示,条带状缺陷内晶粒粗大,周围存在很多细小的孔洞。由于缺陷的特殊性,往往误判为锻造过烧。

图2-19　端口面上的条带状过烧

图2-20是选择一微小孔洞进行观察,用硝酸酒精溶液腐蚀后所看到的组织,在孔洞周围没有脱碳,无氧化,有明显的增碳现象。

图 2-20 孔洞边沿明显的碳含量高

　　缺陷存在于内部,在轴承套圈加工过程中,没有与空气接触的缺陷,微区内成分应该是材料本身带有的,为更准确地确定缺陷类型,对图 2-21 样品中白色方框区域进行微区能谱分析。图 2-22 为能谱分析曲线。

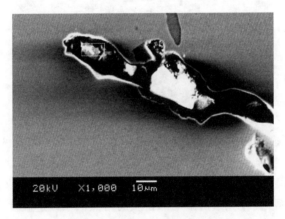

图 2-21 能谱分析检测位置

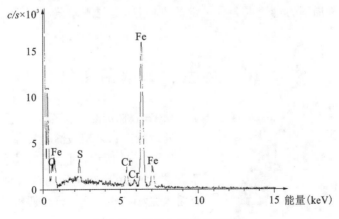

图 2-22 微区内能谱分析曲线

能谱分析结果见表 2-1。

表 2-1　能谱分析结果

元素	原子百分数(%)	质量百分数(%)
O	68.19	32.20
S	1.88	2.37
Cr	1.92	3.92
Fe	28.02	61.52

能谱分析显示,在缺陷部位附近有五害元素等低熔点物质的聚集。

为证明轴承零件内部"局部过烧"缺陷的产生与锻造无关,将高低倍、探伤检验合格的材料,加热到1000℃保温,然后直接水冷,再进行机械性破坏,破碎后的断口整体晶粒都比较粗大,但局部存在明显较其他位置粗大的条带状粗晶,晶粒间出现了孔隙,即条带状过烧,见图2-23。

图 2-23　高温淬水后局部条带状粗晶

有资料进行过具体的分析,此类碳化物与硫、磷聚集在一起时(晶粒边界),其熔点为960℃左右。在正常的锻造温度下,由于局部物质的熔点低于锻造温度,呈现熔化状态,这就是我们看到零件内部存在有选择性熔化孔洞的原因。晶粒边界的熔化,提供了晶粒长大的空间,有别于真正过烧时晶粒相互吞并的长大形式。由于钢材加工时的纵向金属变形,枝晶偏析条带呈纵向分布,这种局部的过烧也会有一定的方向性,是材料缺陷在锻造过程中的一种表现形式。

2.14　典型材料缺陷图例

图 2-24

缺陷名称:异金属夹杂

处理状态:4%硝酸酒精浸蚀

如图2-24所示,两个与基体色泽有明显差异的异金属点,是吊环在金属内的残留。由于U形吊环的插入是随机的,所以异金属夹杂出现的位置是任意的。

缺陷名称:异金属夹杂

处理状态:4％硝酸酒精深度浸蚀

如图 2-25 所示,残留在材料中的异金属在钢球两端裸露,表明是一根比较直的异金属贯穿两端,异金属与基体金属间没有熔合,没有相互渗透的痕迹。此时的作用类似于非金属夹杂,在淬火过程中,将导致钢球开裂。

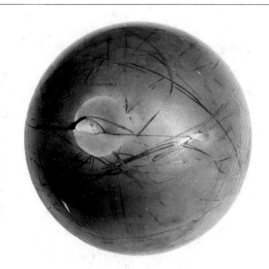

图 2-25

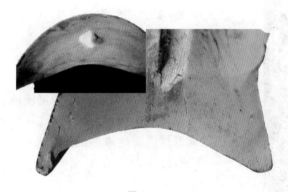

图 2-26

缺陷名称:异金属夹杂

处理状态:4％硝酸酒精深度浸蚀

如图 2-26 所示,保留在破碎零件上的异金属出现的原因是:

工件断裂时异金属与基体相互渗透结合不牢固的部分,两金属分离,结合牢固部分因在热加工过程中热膨胀系数、组织的差异导致异金属边沿出现伴生裂纹。

缺陷名称:异金属夹杂

处理状态:4％硝酸酒精深度浸蚀

如图 2-27 所示,异金属与基体材料完全熔合,但由于在热处理时金属比体积变化不同,在异金属内部及周围产生较大内应力,引起零件开裂,并在开裂处发生错位。

浸蚀后可以看出异金属与基体色泽也具有明显的差异。

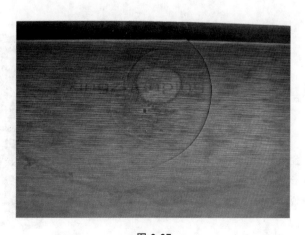

图 2-27

缺陷名称：基体金属与异金属的轻度熔合

处理状态：4％硝酸酒精中度浸蚀

异金属与基体金属的交界位置，由于受热程度的不同，在微观状态下，两金属相互渗透的程度也不相同，随钢液温度的提高及在高温状态时间的延长而渗透程度加重，见微观组织照片，图 2-28，图 2-29，图2-30。

图 2-28

图 2-29

缺陷名称：基体金属与异金属的中度熔合

处理状态：4％硝酸酒精中度浸蚀

可见过渡区两种材料交替，异金属已经向基体内部延伸，见图 2-29。

缺陷名称：基体金属与异金属的深度熔合

处理状态：4％硝酸酒精中度浸蚀

在熔合的过渡区内，形成特定成分的合金，各种元素趋于两种金属的平均值，组织形态也出现了明显变化，类似于渗碳或是脱碳层的过渡区组织，见图 2-30。

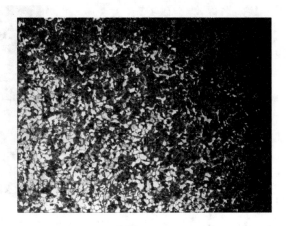

图 2-30

缺陷名称:中心缩孔

处理状态:端面车加工或热切离后自然状态

这是比较严重的材料中心缩孔在端面的表现形式。

中心缩孔在端面车加工后表现得很明显,孔洞内氧化物等夹杂明显,但热切离的料段端面就表现得比较模糊,见图 2-31。

图 2-31

图 2-32

缺陷名称:中心增碳

处理状态:剖面 1∶1 盐酸水溶液热浸蚀

单一的中心增碳,经热酸洗后表现形式,即使不需要用显微观察、检验,也可以从宏观的色泽上看出中心区域与其他位置的碳含量是有差别的,见图 2-32。

缺陷名称:双层中心增碳

处理状态:截面 1∶1 盐酸水溶液热洗

双层的中心增碳经热酸洗后表现形式,也可以从色泽上看出中心区域与其他位置碳含量的差别。因碳含量不同,显示了双层效果,见图 2-33。

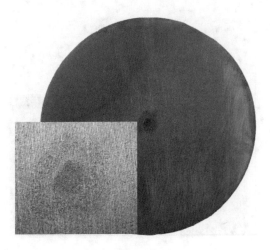

图 2-33

图 2-34

缺陷名称：中心缩孔及中心增碳

处理状态：带锯床切割后自然状态

在材料中，有些缺陷是伴生的，比如缩孔与中心增碳。当中心增碳严重时，一般会同时出现中心缩孔现象（图 2-34）。

棒材在切离加工时，中心增碳和缩孔位置性能因为与基体有一定的差异，形成不同锯纹，这种现象比较直观。

缺陷性质：中心缩孔及中心增碳

处理状态：1∶1 盐酸水溶液热洗

试片经 1∶1 盐酸水溶液热洗后，可以观察到缩孔、中心增碳的特征，中心增碳色泽更深，在中心增碳区域外，还伴生有低碳区域，色泽比较淡，见图 2-35。

出现这种缺陷，是由于中心和钢锭的边沿钢液冷凝时造成成分的偏析形成的。

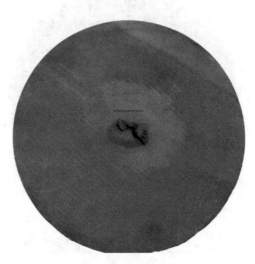

图 2-35

图 2-36

缺陷名称：中心缩孔及中心增碳

处理状态：剖面 4％ 硝酸酒精浸蚀

在轧材纵截面上，中心缩孔的形状是不规则的，缩孔和中心增碳严重程度也是变化的，远离原冒口的位置比较轻，最终逐渐消失，见图 2-36。

缺陷名称:材料局部增碳

处理状态:4%硝酸酒精浸蚀

在淬火过程中,在高碳位置的局部出现裂纹(图 2-37)。

材料经轧制后,中心增碳的形态多异,但总有一段裸露于工件表面,此区域内,碳含量明显高于其他部位,浸蚀后色泽亮白。

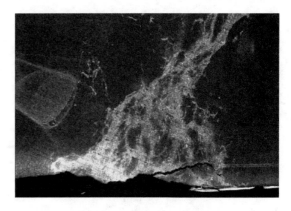

图 2-37

图 2-38

缺陷名称:中心增碳

处理状态:断口自然状态

图 2-38 为滚动体破碎后表现的断口形貌,增碳区域其断口色泽与其他位置有一定的差别,是由碳含量的差别导致的。

中心增碳沿材料轧制方向分布,但不一定集中在轴心位置,形态也是非固定的模式。

缺陷名称:中心增碳

处理状态:4%硝酸酒精溶液浸蚀

将带有中心增碳的套圈解剖,用 4%硝酸酒精溶液浸蚀,内径边沿碳含量明显高于基体,在热处理时,增碳区域与基体因性能差异,导致在分界处出现裂纹,见图2-39。

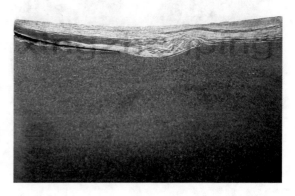

图 2-39

图 2-40

缺陷名称:缩孔导致的中心开裂

处理状态:热压自然状态

带有缩孔缺陷的材料,当受到直径方向的挤压力时,很容易以缩孔为裂纹源在材料内部开裂,见图 2-40。

中心增碳、夹杂都会引起这种形式的开裂。

缺陷名称:缩孔导致的中心开裂

处理状态:顶锻自然状态

如图 2-41,带有缩孔、严重的中心疏松、中心增碳等缺陷的材料,顶锻时容易出现以缺陷为裂纹源在材料内部开裂,加热和保温不足使开裂的概率加大。

由于料段两端与模具接触,承受束缚力作用,开裂起始于料段内部,并在料段的中部最宽。

料段开裂后,可见在中心位置材料缺陷引起的纹路与其他位置的差异。

图 2-41

图 2-42

缺陷名称:中心缩孔

处理状态:自然状态

存在于滚动体的中心缩孔,贯穿其心部,在其两端都可以观察到缺陷的存在(图 2-42)。

中心存在一定缺陷的零件可能会在加工过程中因未发现而流入成品。材料内部的缺陷存在,也会造成零件的耐压能力下降。

缺陷名称:缩孔残余

处理状态:断口自然状态

存在中心缩孔的滚动体,在受外力作用时,尤其是淬火过程中,会从内部形成裂纹开裂并向外扩展(图2-43)。

滚动体经过了淬、回火,缩孔内存在大量的氧化物及进入淬火液而呈黑色。

图 2-43

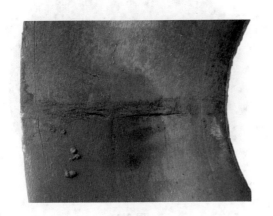

图 2-44

缺陷名称:缩孔残余

处理状态:锻件内径自然状态

有缩孔残余的材料,由于锻造时选择的冲头形式不合理,不能将存在缺陷的中心部位清除掉,从而残留在套圈内径,见图2-44。

完整的缩孔残余沿轴向呈线状分布。

缺陷名称:缩孔残余

处理状态:成品自然状态

部分缩孔残留,随机出现在套圈内径的任意部位(图2-45)。

在已知材料存在中心缺陷的情况下,应采用平头冲子,可以尽可能地去掉中心缺陷而减小其在零件上的残留概率。

图 2-45

图 2-46

缺陷名称:材料内部裂纹

处理状态:4％硝酸酒精浸蚀

　　成品内径存在缺陷残留,浸蚀后,裂纹两侧脱碳明显(图 2-46),根据裂纹的方向和分布可以判定为材料内裂的残余。

缺陷名称:枝晶

处理状态:1∶1盐酸水溶液热洗

　　在铸锭浇铸工序,钢液的中心区域凝固是以枝晶形式结晶的(图 2-47)。可以通过高温扩散及反复锻打使枝晶得到改善。如果用小钢锭锻制大圆棒料,或用连铸材直接加工套圈,枝晶等不能消除从而影响到热处理质量。

图 2-47

图 2-48

缺陷名称:严重材料枝晶

处理状态:断口自然状态

　　图 2-48 中断口粗糙,可见明显的枝晶形态,为严重枝晶引起的横向开裂。

　　由于材料锻造比没有达到要求,钢材凝固时产生的枝晶没有消除(各结晶区特征都没有消除),材料强度降低。加工的长轴在淬火时产生的内部拉应力导致从中心位置出现裂纹并瞬间扩展。

缺陷名称:夹灰

处理状态:自然状态

夹灰是不可避免的一种材料缺陷,多集中在材料的冒口位置,清理不干净时会残留在钢材中,见图2-49。由于夹灰是非金属材料,其色泽表现为其本色,它破坏了金属的连续性,危害很大。

图 2-49

图 2-50

缺陷名称:夹灰

处理状态:自然状态

图 2-50 中为蓝色半透明夹灰。

与图 2-49 相比较,不同类型的夹灰,表现的色泽不同,这与每个钢厂辅助用材的不同有关。

缺陷名称:滚动体夹灰

处理状态:自然状态

如图2-51,残留在滚动体内的夹灰其危害性等同于缩孔,但因孔洞内由非金属物充满而表现形式不同。

缺陷是否贯穿滚动体,与滚动体用料在原始棒材中所处的位置有关,多数滚动体上的缺陷为贯穿型。

图 2-51

图 2-52

缺陷名称：夹灰

处理状态：自然状态

与材料的缩孔一样，当在热冲压过程处理不当时，会残留在内径，见图 2-52。

即使用平头冲子，对于偏离中心存在的夹灰，也很难经过锻造去除，如果在没有辗扩前及时发现，还有进行挽救的可能。

缺陷名称：套圈内径夹灰

处理状态：自然状态

存在夹灰的锻造毛坯，在套圈的辗环过程中，由于破坏了金属的连续性，套圈不能辗扩成型。在夹灰位置，以夹灰为裂纹源，沿辗扩方向撕裂扩展，见图 2-53。

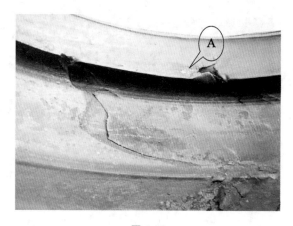

图 2-53

图 2-54

缺陷名称：套圈内径夹灰

处理状态：自然状态

图 2-54 为图 2-53 中 A 点的放大状态。套圈内径夹灰导致套圈在辗环过程中撕裂，是从灰与金属的交界处开始的，而不是从脆性最大的夹灰内部开始。

缺陷名称：套圈内径夹灰

处理状态：自然状态

料段经顶锻、冲孔后，如果夹灰裸露在孔内壁，在辗环过程灰块因辗压粉碎，通过辗压芯轴分布在套圈内壁上，在套圈冷却到室温时，在内壁上任何位置呈现灰色，见图2-55。

图 2-55

图 2-56

缺陷名称：锻件外壁夹灰

处理状态：自然状态

在锻造温度下，金属具有一定的塑性和延展性，但夹灰依旧是处于比较硬的状态，所以受力时，夹灰在金属内移动，见图2-56。

缺陷名称：外径夹灰

处理状态：车工后自然状态

夹灰不只存在于材料的心部，偶尔也出现在边沿部位。

图2-57中钟形壳体外壁的夹灰，因材料经过拉拔及壳体成型特点决定了夹灰的分布呈现长条状。

图 2-57

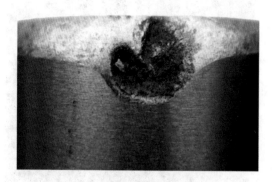

图 2-58

缺陷名称:材料表面夹灰

处理状态:磨工成品自然状态

原材料表面夹灰在滚动体表面的残留。

如图 2-58,凹坑夹灰裸露在材料表面,经过热轧及热处理,夹灰酥脆,有与基体欲脱离的感觉,基体边沿脱碳严重。

缺陷名称:滚动体边沿夹灰

处理状态:自然状态

出现在滚动体边沿的长条夹灰,在靠近滚动体大端面逐渐变细(图 2-59),是由于逐渐进入次表层的表现形式,在端头又以椭圆形式出现。

图 2-59

图 2-60

缺陷名称:套圈外径夹灰

处理状态:磨削后自然状态

在套圈中档位置与轴线平行分布的夹灰,由于车削量的不同,档边位置缺陷保留,滚道位置缺陷消失,见图 2-60。

放大后可见,夹灰因无塑性,内部呈碎裂状态。

缺陷名称:滚动体胎具内部夹渣

处理状态:自然状态

材料经反复锻造加工成胎具,内部夹渣严重但没有在锻造中开裂,说明锻造加热温度很高,见图2-61。

从缺陷的异物色泽和熔化程度看,它具有一定的熔点和塑性,性质不同于夹灰。

图 2-61

图 2-62

缺陷名称:锻造料芯夹渣

处理状态:自然状态

存在于锻造冲孔下落料芯中的夹渣,呈熔化状态(图2-62),说明夹渣熔点比较低,在受热状态下熔化并流动。

缺陷名称:材料夹渣

处理状态:4%硝酸酒精浸蚀(小图)

材料内部夹渣,存在于零件滚道,在采用感应加热时熔化并体积膨胀,由于夹渣的膨胀系数大于金属膨胀系数,在加热时,造成工件沟道局部鼓起,见图2-63。

图 2-63

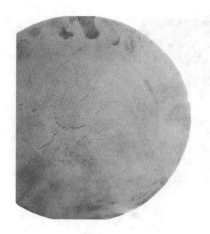

图 2-64

缺陷名称：白点

处理状态：1∶1盐酸水溶液热洗

白点是一种冶金缺陷，是钢材脱氢处理不当及内应力共同导致的结果。

材料中存在白点，在其用热酸洗后的横截面上，表现为方向无规律的微细裂纹，裂纹内部不存在任何杂质，边沿不规则，见图 2-64。

缺陷名称：白点

处理状态：1∶1盐酸水溶液热洗

在套圈锻造时，由于材料内部含氢量高，锻造后冷却方式不当导致白点的形成（图 2-65）。

无论是在原材料上还是套圈上出现白点，都集中在中心部位，可见，白点的形成与冷却方式也就是氢的扩散有关。

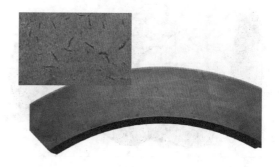

图 2-65

图 2-66

缺陷名称：白点

处理状态：自然状态、套圈的横向断口形态

白点可能出现在零件内部一点，也可能出现很多点，与材料中氢的含量有关。

图 2-66 的零件中出现如此密集的白点，说明材料中氢的含量特别高，锻造后的冷却也快，氢在内部几乎没有扩散。

缺陷名称:白点

处理状态:自然状态、白点的纵向断口形态

白点在材料的内部形成,其方向与材料的结晶面及应力方向有关,所以,在宏观上,我们看到不同表现形式的白点(图 2-67)。

图 2-67

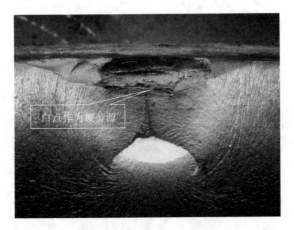

白点作为疲劳源

图 2-68

缺陷名称:白点

处理状态:轴承使用后断口状态

零件中沿径向分布的白点,极易造成零件断裂,而沿周向分布的白点,使金属分层,在轴承使用过程中由于受规律的周期性辗压力作用,以白点作为疲劳源,逐渐开裂(图 2-68)。

缺陷名称:火焰切割裂纹

处理状态:切离面自然状态

在材料轧制过程中,在一定长度位置需要将长条轧材切离,便于存放及运输。在过去的一段时间,基于当时的技术水平,多是采用火焰切割,由于火焰切割是瞬间将金属熔化,而后钢材自冷,切割缝两边的应力发生变化,导致产生裂纹,见图 2-69。

图 2-69

图 2-70

缺陷名称:火焰切割裂纹

处理状态:锻造后自然状态、裂纹受直径方向力的表现形态

端面存在火焰切割裂纹,在受直径方向的力时,裂纹依据其方向不同,加宽、变窄的程度不同,但深度都大幅增加,见图 2-70。

缺陷名称:火焰切割裂纹

处理状态:端面裂纹在冲孔后的形态

加热后的锻件毛坯,在冲孔时,端面原有裂纹加深、加宽,导致报废(图 2-71)。

与材料本身中心开裂在位置上存在一定的区别,更具有随机性。

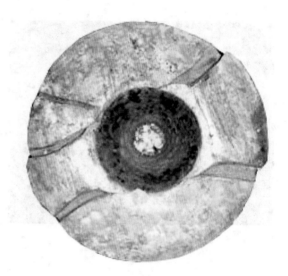

图 2-71

图 2-72

缺陷名称:材料表面裂纹

处理状态:自然状态

图 2-72 是在原材料表面经常可以发现的裂纹。裂纹深浅不一定一致,在整根材料上,这种直线形表面裂纹有的呈现断续的,有的呈现连续的。

表面裂纹,在材料进厂验收时,是可以发现的,一定深度的表面裂纹经过清理,不会在以后工序造成废品。

缺陷名称:材料外径横裂

处理状态:自然状态

材料外径的横向裂纹一般出现在锻材或冷拔材表面,深度比较小(图 2-73),如果在备料前发现,可以通过清理而使用;在备料后发现,清理后在偏差允许的范围内使用,较大较深的裂纹就需要切除处理。

图 2-73

图 2-74

缺陷名称:材料表面裂纹

处理状态:自然状态

此种不规则材料表面裂纹多出现在锻材表面(图 2-74),钢锭冒口部分出现的概率要高于其他位置。此种缺陷基本不会出现在连铸材和轧材表面,裂纹深度不固定。

缺陷名称:材料表面裂纹

处理状态:冲孔后自然状态

料段顶锻后,在冲孔阶段,表面裂纹随材料直径增加及表面积增大而加宽(图 2-75)。在发现及时的情况下,可以根据裂纹深度,修磨处理。修磨后的毛坯根据重量确定利用方式。

图 2-75

图 2-76

缺陷名称:材料外径横裂

处理状态:自然状态

材料出现横向裂纹的比较少,但浇铸不连续、电渣冶炼时中途故障等,都会造成材料在横向出现裂纹,在横向裂纹边沿,伴生很多其他方向的小裂纹,裂纹内部存在大量的夹杂和氧化,见图2-76。

缺陷名称:材料表面裂纹

处理状态:自然状态

裂纹存在于锻造毛坯上,但由于毛坯各部分尺寸不同,裂纹的宽度就出现一定的差别,见图2-77。

材料表面存在裂纹时,往往有一定的长度,导致在锻造阶段出现批量废品。

图 2-77

图 2-78

缺陷名称:材料表面裂纹

处理状态:自然状态

在料段镦粗后,原材料表面折叠在表面,给人感觉是"起皮",见图 2-78。这样的裂纹一般没有什么深度,裂纹方向与料外圆法线夹角很小,很容易清理干净。

缺陷名称:材料表面裂纹

处理状态:自然状态

有比较浅的表面裂纹的材料,在锻造顶压时,在原裂纹位置造成的开裂(图 2-79)。及时发现带有这样裂纹的工件,可以对裂纹进行清理而不影响零件质量,但要保证清理位置过渡圆滑,防止在辗环过程中造成折叠。

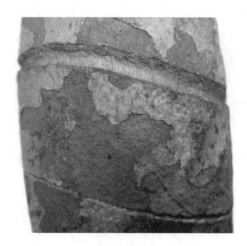

图 2-79

图 2-80

缺陷名称:材料表面裂纹

处理状态:自然状态

套圈的端面是由原材料端面及部分原材料的外径面组成的。原材料表面的裂纹在材料镦粗后,虽然不会延伸到原始材料端面,但会出现在套圈的端面位置,见图 2-80。

如此密集的集束性裂纹往往没有清理的必要,锻件可报废。

缺陷名称:材料表面裂纹

处理状态:自然状态

原材料表面裂纹在材料镦粗时,不是一次性开裂的,而是随着每一次冲击逐渐向内扩展,形成弧形贝纹线,但此时零件处于高温状态,贝纹线因氧化变得不明显,见图 2-81。

裂纹中贝纹线起始位置代表了材料表面原始裂纹深度。

图 2-81

缺陷名称:材料表面裂纹

处理状态:4%硝酸酒精浸蚀

　　原材料表面裂纹经锻造加工后,锻造和钢材轧制过程中的形变作用,使得金属产生流动,由于裂纹中氧化物的存在,明显呈现出图 2-82 中的流动性及变形方向。

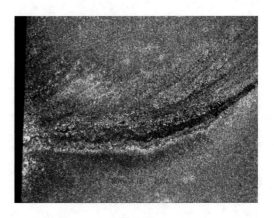

图 2-82

图 2-83

缺陷名称:材料表面裂纹

处理状态:自然状态

　　存在于料段的表面裂纹深度较大,在冲孔时,裂纹处完全开裂至内径,两侧金属产生径向滑移,导致在裂纹位置出现错位现象,见图 2-83。

缺陷名称:材料表面裂纹

处理状态:辗环件自然状态

　　在辗环过程中材料裂纹扩展,两侧金属流动使原裂纹处形成开口。在开口边沿,可见金属撕裂和流动痕迹(图 2-84)。

图 2-84

缺陷名称:材料表面裂纹

处理状态:4‰硝酸酒精浸蚀

原材料表面裂纹,经过锻造,保留在倒角及端面,说明套圈端面的一部分由原圆料外径构成,由于经过了锻造加热、退火加热及热处理淬火,裂纹内氧化及脱碳严重,在磨削后其色泽与基体有明显的区别,见图 2-85。

图 2-85

图 2-86

缺陷名称:材料表面裂纹

处理状态:4‰硝酸酒精浸蚀

图 2-86 中为原材料裂纹在成品阶段的残余。

原始材料裂纹保留在零件的端面,经零件的一端向另一端延伸,由于辗扩过程中金属的流动,裂纹呈斜线分布,由于裂纹深度差异,经车、磨后的成品阶段,裂纹呈断续分布。

缺陷名称:材料表面裂纹

处理状态:4‰硝酸酒精浸蚀

将图 2-79 工件解剖,在微观状态下,可见裂纹两侧脱碳严重,见图 2-87。

由于加热和氧化的尖角效应,在裂纹两侧的尖角处脱碳明显比其他部位严重。

图 2-87

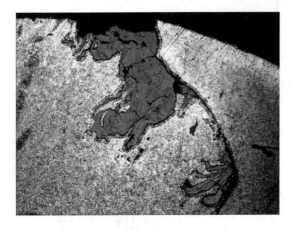

图 2-88

缺陷名称：材料表面裂纹

处理状态：横截面 4％硝酸酒精浸蚀

材料表面裂纹经锻压后形成折叠，从微观角度看，裂纹中存在大量的氧化物，裂纹边沿脱碳，在局部位置，脱碳和氧化是并存的，见图 2-88。

缺陷名称：材料表面裂纹

处理状态：1∶1盐酸水溶液热洗

表现在套圈表面的原材料裂纹，存在于套圈外径时并不一定是直线形的。在辗环过程中，套圈两端面与中间位置流动量不同产生的不均匀形变使裂纹呈现弧形（图 2-89）。

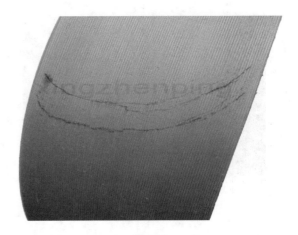

图 2-89

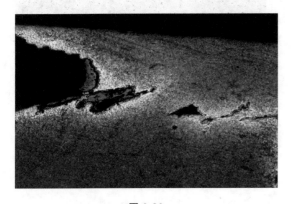

图 2-90

缺陷名称：材料表面裂纹

处理状态：4％硝酸酒精浸蚀

对图 2-81 工件解剖后的横向面进行观察发现，裂纹呈斜向向内部延伸，几乎呈周向分布，见图 2-90。由于原始裂纹裸露在外部，在各热加工工序中裂纹两侧发生氧化和脱碳。

缺陷名称:材料外径横裂

处理状态:自然状态

材料横裂与锻造折裂相似。与锻造折裂不同,材料横裂多带有一定的角度,裂纹形状极不规则,粗细不一致,出现节点,在节点内,存在氧化皮及大量夹杂,见图2-91。

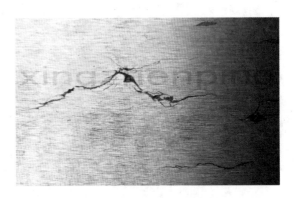

图 2-91

图 2-92

缺陷名称:材料外径横裂

处理状态:截面 4% 硝酸酒精深度浸蚀

由于存在原材料裂纹,在锻造辗扩过程中裂纹加重,裂纹内部存在大量氧化物。零件经渗碳处理后,裂纹两侧出现粗大碳化物,渗碳层形态在原始裂纹处发生明显变化,见图 2-92。

缺陷名称:材料外径横裂

处理状态:截面 4% 硝酸酒精深度浸蚀

带有裂纹的工件在解剖后,不论裂纹两侧是否存在脱碳,根据图 2-93 中裂纹的尾部特征及金属和氧化皮的流动弯曲,说明裂纹存在于锻造变形前,均可以判定为材料裂纹。

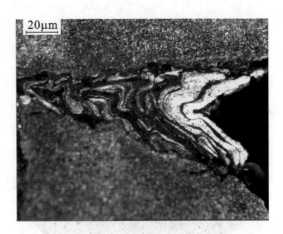

图 2-93

图 2-94

缺陷名称：材料外径横裂

处理状态：自然状态

图 2-94 中材料横向裂纹和纵向裂纹同时存在，说明是在锻造镦粗时的开裂形式。

由于受力方向的问题，裂纹扩展的程度不同，纵向裂纹扩展得比较严重。

缺陷名称：材料表面裂纹

处理状态：4％硝酸酒精浸蚀

带有表面裂纹的棒料，直接车制做滚动体时，由于车加工量小于裂纹深度，而使材料裂纹保留到成品时的状态（图 2-95）。

此种形式的裂纹，在经过冷酸洗后或用 4％硝酸酒精溶液浸蚀后，在裂纹两侧呈白亮状态，为脱碳层，显微观察，可见明显的纯铁体脱碳。

图 2-95

图 2-96

缺陷名称：材料表面裂纹

处理状态：自然的裂纹断口

带有裂纹的滚动体，破碎后可见裂纹两侧（壁）分布有严重的氧化物，并且由于淬火液的进入，颜色更黑，见图 2-96。

缺陷名称:材料表面裂纹

处理状态:4％硝酸酒精浸蚀

带有表面裂纹的材料冲压制造钢球,裂纹贯穿两极点,在中心环(赤道)位置,由于材料直径的变化,裂纹宽度增加,见图2-97。

图 2-97

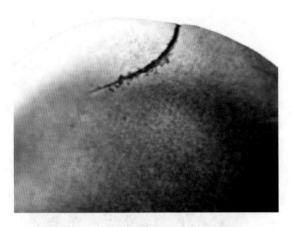

图 2-98

缺陷名称:材料表面裂纹

处理状态:横截面 4％硝酸酒精深度浸蚀

带有表面裂纹的材料加工成滚动体。在渗碳后,由于裂纹深度大于渗碳厚度,渗碳气氛经裂纹向内部渗透,引起渗碳层沿圆周边沿层深的变化(图 2-98),即使裂纹略小于渗碳厚度,在裂纹内部无杂物充填时,也会引起渗碳层的变化。

缺陷名称:材料表面裂纹

处理状态:横截面 4％硝酸酒精深度浸蚀

图 2-99 所示的零件在渗碳处理前,其表面已经存在裂纹,即原始裂纹,所以,在裂纹两侧有与工件表面状态相同因渗碳形成的碳化物颗粒,在热处理后,以原始裂纹为起点,沿渗碳层出现了热处理淬火裂纹。

图 2-99

图 2-100

缺陷名称:材料表面裂纹及裂纹残留

处理状态:4％硝酸酒精浸蚀

　　这种形式的缺陷是由于原材料表面存在多条并排、深度不一致裂纹,在滚动体冲压及车磨后,部分裂纹保留在滚动体表面,有的经冲压及车磨后,原始材料裂纹不存在,但裂纹底部的脱碳层得到保留,经后续的热处理淬火后,脱碳加深,硝酸酒精浸蚀或窜光后,依旧表现出条形缺陷,见图 2-100。

缺陷名称:材料表面裂纹

处理状态:4％硝酸酒精浸蚀

　　原材料裂纹清理干净,但底部保留了部分脱碳,热处理过程中,在脱碳处产生微细裂纹,见图 2-101。

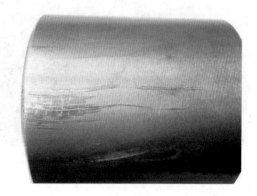

图 2-101

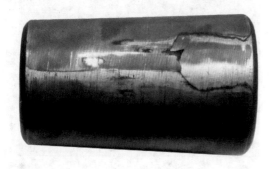

图 2-102

缺陷名称:材料表面裂纹

处理状态:4％硝酸酒精深度浸蚀

　　滚动体表面出现图 2-102 所示的裂纹及脱碳是比较少见的,这种裂缝属于钢锭头部表面翻皮经过多道工序后的残留。

缺陷名称:材料内部裂纹

处理状态:自然状态

图 2-103 是剪切位置与内裂位置基本重合的断口。

"打响料"产生的裂纹多是垂直于料的中心线的横向裂纹,裂纹源于材料中心位置,断面无形变,说明很小的剪切力将材料切离。

图 2-103

图 2-104

缺陷名称:材料内部裂纹

处理状态:自然状态

热切离时,内裂与切离面不在同一位置,部分材料在内裂位置沿剪切力产生一横向位移,使裂纹扩展到剪切面(图2-104)。

缺陷名称:材料内部裂纹

处理状态:自然状态

图 2-105 所示的材料内裂多是由于原材料内应力过大所致,这与钢材轧制后的冷却方式有关。对于直接进行锻造辗环使用的钢锭,与是否经过了扩散处理、去应力退火有关。

对于直径比较大的材料,加热速度过快,产生的热应力与原始应力叠加也会导致产生内裂。

图 2-105

图 2-106

缺陷名称:材料内部裂纹

处理状态:4%硝酸酒精浸蚀

大圆料加热速度过快时,产生的裂纹方向是不固定的,但都有裂纹从内向外延伸的特点(图 2-106)。

为防止大圆料在套圈锻造加热过程中开裂,应采用预热分段加热的方式,以便于内应力的释放。

缺陷名称:材料内部裂纹

处理状态:自然状态

中心带有缩孔、中心增碳的材料,因缺陷的强度极低,在冷、热应力作用下,更容易引起内部开裂,见图 2-107。虽然是在料段加热过程中开裂,但废品原因归于材料。

图 2-107

图 2-108

缺陷名称:材料内部裂纹

处理状态:自然状态

由于温剪时棒料的内裂位置不一定发生在需剪切的点上,所以会造成连带现象(图 2-108)。这样的材料在加热后,由于内部已经产生裂纹,没有利用的价值。

存在这类问题的原材料,可以在剪切前,通过去应力退火使问题得到解决。

缺陷名称:材料内部裂纹

处理状态:1∶1盐酸水溶液热洗

套圈外径处存在的翻皮,翻皮和皮下气泡的存在,在锻造阶段由于镦粗开裂容易被发现,见图 2-109,但偶尔也会在产品加工的各个工序发现,甚至到成品阶段才发现。

图 2-109

图 2-110

缺陷名称:材料内部裂纹

处理状态:1∶1盐酸水溶液热洗

图 2-110 为图 2-109 中零件翻皮在端面的状态,热酸洗后以裂纹形态存在。

在较重的裂纹两侧,分布着数条不规则的细小裂纹,裂纹的边沿层次不齐。

缺陷名称:材料内部裂纹

处理状态:自然状态

图 2-111 中为材料表皮下的气泡或翻皮,在镦锻时的开裂形态。

这种缺陷的开裂形式不同于材料的表面裂纹导致的开裂,内部孔洞大而张嘴小,在边沿有热状态下的撕裂痕迹。

图 2-111

图 2-112

缺陷名称：材料内部裂纹

处理状态：自然状态

钢锭中产生皮下气泡、翻皮,在钢材随后的轧制过程中,逐渐沿轴向拉长。所以,这种缺陷表现在滚动体表皮下多为贯穿性的,在滚动体两头,可以发现不规则的裂纹存在,个别位置由于缺陷深度浅,呈现外表皮脱落或是条带状黑线,见图 2-112。

缺陷名称：材料内部裂纹

处理状态：圆柱滚动体自然状态

当气泡或翻皮外壁金属与基体金属因磨加工或外力造成脱离时,气泡内壁氧化就明显表现出来。

由于图 2-113 是翻皮造成的缺陷,要比皮下气泡造成的缺陷——内部氧化更严重。

图 2-113

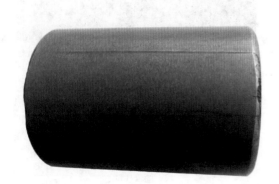

图 2-114

缺陷名称：材料内部裂纹

处理状态：4%硝酸酒精浸蚀

对于圆锥滚子大头端面边沿存在的缺陷,在滚动体外径也会裸露,呈现两条平行、因脱碳而色泽与基体不同的线,解剖后,可见气泡内壁两侧脱碳严重,见图 2-114。

缺陷名称:材料内部裂纹

处理状态:抛光状态

翻皮和皮下气泡在低倍试片上,表现形式有很多相似之处,但通过高倍光学检验,可通过裂纹内部是否存在氧化物进行判定。翻皮形成的裂纹由氧化皮构成,裂纹边沿极不规则,见图 2-115。

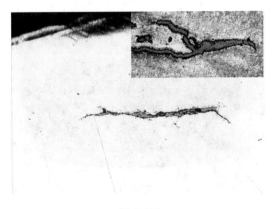

图 2-115

图 2-116

缺陷名称:材料内部裂纹

处理状态:4%硝酸酒精浸蚀

翻皮形成的裂纹,边沿极不规则,并伴生有向裂纹两侧延伸的分支及微细裂纹。当存在于零件内部时,裂纹边沿无脱碳,见图 2-116。

缺陷名称:磨光圆料表面的脱碳

处理状态:冷酸洗

由于在冷拔加工过程中,材料存在比较大的椭圆,在磨光工序,高点位置脱碳由于磨量较大而消除,而低点位置脱碳得以保留,见图 2-117。

在圆料中出现这样的缺陷,还与因弯曲导致的磨偏、原始脱碳太深而超出磨削量等有关,可以通过增加磨削量等方法改进。

图 2-117

图 2-118

缺陷名称:滚动体表面脱碳

处理状态:窜光后自然状态

经过磨加工到成品的滚动体,表面带有脱碳时,其外观色泽是不一致的,在窜光后强光下观察,脱碳位置呈现为暗色,见图 2-118。

缺陷名称:滚动体表面脱碳

处理状态:4‰硝酸酒精浸蚀

图 2-118 滚动体经浸蚀后,宏观下呈现暗色的区域变为银白色的,沿圆周分布,见图 2-119。

由于除倒角外的其他位置不存在脱碳,说明沿圆周分布的脱碳为材料脱碳的残留。

图 2-119

图 2-120

缺陷名称:材料表面脱碳

处理状态:热酸洗后状态

原材料脱碳严重时,会保留到冲压滚动体的倒角位置,其位置与外径脱碳相同,在环带处断开。

由于滚动体经过磨加工,外径脱碳层深度发生变化,以倒角位置脱碳最严重,见图 2-120。

缺陷名称:滚动体倒角脱碳

处理状态:4%硝酸酒精溶液浸蚀

将倒角存在脱碳的滚动体解剖,显微状态下,倒角脱碳严重,见图 2-121。

相关的实验表明,表面存在脱碳的滚动体在经过热处理后,脱碳层明显加深。

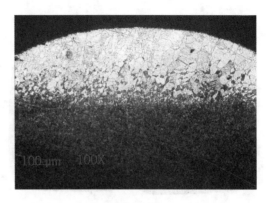

图 2-121

图 2-122

缺陷名称:材料表面脱碳

处理状态:滚动体冷酸洗状态

滚动体的倒角,自然状态下色泽发暗的区域,经酸洗后表现为银白色,为表面脱碳的自然色泽,见图 2-122。

同根棒材加工的滚动体,脱碳区域在不同的滚动体上表现的位置、大小均不同,但存在相同的特征。

缺陷名称:滚动体表面状态

处理状态:磨加工后硝酸酒精浸蚀状态

图 2-123 的原料呈椭圆或出现三棱,车工量较小时不能完全消除,导致个别位置无磨量,车刀花得到保留,且车刀花底部热处理脱碳得到保留,滚动体报废。

图 2-123

图 2-124

缺陷名称:滚动体表面状态

处理状态:自然状态

图 2-124 中原材料表面的脱碳残留到成品阶段,表现在倒角及滚动体中间部位,与滚动体加工方式有关。

倒角部位是原料外径的自然面,滚动体外径在冲压后软磨时,其大头的冲压环带位置与小头相比,磨量比较大。原自然面和磨量小的位置保留原始材料脱碳的可能性就会很大。

缺陷名称:材料表面脱碳

处理状态:钢球冷酸洗

图 2-125 所示为因材料表面脱碳不能在软磨工序去除,钢球经热处理后酸洗的表现形式。

材料脱碳不同于热处理脱碳,在极点位置是不存在的,环带上的脱碳严重程度取决于钢球冲压时环带的大小和原材料的脱碳程度。

图 2-125

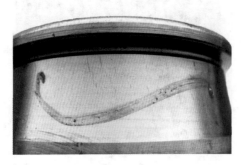

图 2-126

缺陷名称:材料一般疏松

处理状态:磁粉探伤

疏松是一种缺陷,起到分割金属的作用,从而导致缺陷处具有聚磁作用。比较严重的"一般疏松"在制造轴承套圈时表现在外径的状态上,见图 2-126。

裸露在滚道的疏松,会降低轴承零件的接触疲劳寿命,探伤时按裂纹处理。

缺陷名称:材料一般疏松

处理状态:套圈热酸洗

将零件热酸洗后,存在聚磁位置的疏松裸露非常明显,见图 2-127。

由于疏松缺陷存在于材料内部,在非平面位置多表现为点状,是疏松在两侧的裸露。

图 2-127

图 2-128

缺陷名称:材料一般疏松

处理状态:套圈截面热酸洗

在原材料内部,疏松基本沿轴向呈直线分布,在低倍试片的横截面上,多表现为点的聚集。但经锻造加工成套圈时,疏松方向发生变化,在零件纵向剖面上,以线与点的形态并存,见图 2-128。

缺陷名称:材料中心疏松

处理状态:粗车加工后状态

锻件内径因材料本身疏松缺陷严重而导致的条带状过烧,缺陷边沿存在脱碳并向内延伸(图 2-129),说明在锻造时缺陷已经裸露在内径表面。

个别位置条带状孔洞经过车加工已经消除,但残留了底部的脱碳。

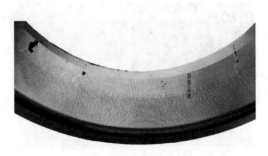

图 2-129

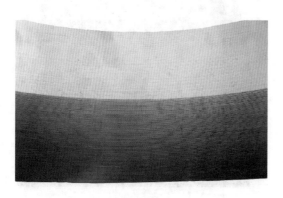

图 2-130

缺陷名称:材料中心疏松

处理状态:自然状态

中心疏松在双列圆锥轴承外圈内径裸露,见图 2-130。

中心疏松集中在材料靠近心部的位置,经锻造辗环扩大并因此位置车工量最小而保留于套圈内径。

缺陷名称:材料中心疏松

处理状态:自然状态

图 2-131 为图 2-130 中心疏松位置的局部放大。

材料疏松经锻造辗扩后,金属的形变作用导致疏松带变形。锻造冲孔及车加工使疏松裸露在外,在热加工过程中严重氧化。

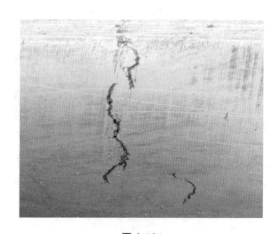

图 2-131

图 2-132

缺陷名称:材料中心疏松

处理状态:轻微热酸洗状态

图 2-132 所示为中心疏松在圆柱轴承套圈端面的表现形式。

套圈端面与疏松方向垂直,疏松经酸洗后在端面表现为小孔洞裸露,由于疏松集中在心部,所以孔洞多裸露在内径边沿。

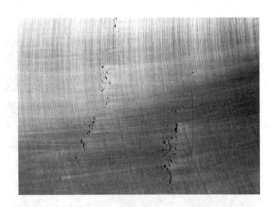

缺陷名称:材料低熔点缺陷

处理状态:磨削面自然状态

直径较大的轴承套圈,在成品阶段检验,在内径及端面处出现条形分布的孔洞或单一点状孔洞,见图 2-133,周围形态正常。用 4% 硝酸酒精浸蚀,孔洞周围是否存在脱碳是比较随机的,说明孔洞在车加工后,存在的位置不单是零件表面,也存在于零件内部。

图 2-133

图 2-134

缺陷名称:材料疏松(枝晶)

处理状态:热酸洗

由于材料疏松(枝晶)严重,在零件内部形成与轧制方向一致的多条裂纹,见图 2-134。

大型转盘轴承多采用原始直径连铸材和钢锭锻造成型,原始枝晶破坏程度不足,形成一种锻件固有缺陷,时常引发淬火时出现裂纹,所以疏松是导致淬火开裂的一项因素。

缺陷名称:材料疏松(枝晶)

处理状态:拉伸试样分层开裂

钢板拉伸试样断裂后,断口为多台阶撕裂,其中一裂纹向内延伸,见图 2-135。

从切割面观察,切割痕迹显示,金属为多层次组合,裂纹延伸位置层次最为明显。

图 2-135

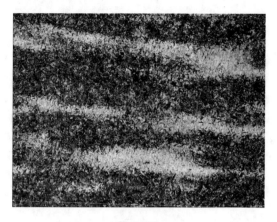

图 2-136

缺陷名称:材料带状铁素体

处理状态:4％硝酸酒精溶液浸蚀

图 2-136 所示为比较严重的带状缺陷,由于材料枝晶严重,材料中总会出现成分偏析形成的带状碳化物(高碳钢)或带状铁素体(低碳钢)。带状缺陷属于材料缺陷,在材料相关标准中都有相关的级别要求。

缺陷名称:材料带状铁素体

处理状态:4％硝酸酒精溶液浸蚀

图 2-137 为带有严重带状缺陷的材料,材料性能下降。在淬火过程中,由于带上和带间化学成分的差异,形成的组织不同,产生的组织应力导致零件开裂。

这种裂纹与淬火裂纹的区别是发生沿晶开裂。

图 2-137

图 2-138

缺陷名称:中心疏松引起的开裂

处理状态:冲孔后的自然状态

顶断使零件在发生变形时内部开裂并扩展到表层,见图 2-138。其内部孔洞宽度远大于表面显露的宽度,表层塑性比内部更好。

原材料缺陷及加热不足都会导致这种形式的开裂,应做具体分析。

缺陷名称:疏松引起的开裂

处理状态:剖面热酸洗

剖面热酸洗后,可见明显的原材料缺陷集中在开裂起始位置,见图 2-139。

热酸洗后的金属流线在零件中心位置发生明显的改变,这是非常不正常的流线,说明零件的中心变形与整体变形不同步,导致中心被撕裂。

图 2-139

图 2-140

缺陷名称:材料低熔点缺陷

处理状态:磨削面自然状态

图 2-140 中出现了比较严重的孔洞,可以在局部区域相连成片。宏观上也可以观察到孔洞是沿晶粒边界熔化而呈现局部"烧烂"状态,孔洞形状不规则,类似于正常的锻造过烧。

缺陷名称:材料低熔点缺陷

处理状态:车工自然状态

对于比较严重、暴露在零件表面及次表层的孔洞,在车加工过程中就可以发现,对于内部的孔洞可以通过探伤进行检验,避免内部存在缺陷的零件进入下道工序。

仔细观察,可以见到孔洞内粗大晶粒的痕迹,见图 2-141。

图 2-141

图 2-142

缺陷名称:材料低熔点缺陷

处理状态:断口自然状态

一些套圈虽然在其内、外径及端面处没有缺陷裸露,但经超声波探伤检验,定位后在标定缺陷处破碎,断口内可见按一定方向分布的条形缺陷,见图2-142。

缺陷名称:材料低熔点缺陷

处理状态:断口自然状态

断口中局部过烧的点可以是单独存在的,也可以是多个独立的点在一条线上呈连续或断续的分布,见图2-143。

单独看一个过烧的点,类似于锻造过烧。

图 2-143

图 2-144

缺陷名称:材料低熔点缺陷

处理状态:4%硝酸酒精溶液浸蚀

缺陷处浸蚀后呈现低倍形貌。孔洞分布在碳化物带上,其方向与碳化物带一致。

如图2-144所示,缺陷集中在一个很小的区域,在其他区域,未见异常。

缺陷名称:材料低熔点缺陷

处理状态:4％硝酸酒精溶液浸蚀

孔洞出现在高碳带状区域,沿晶开裂,晶粒边界有明显的硫化物及碳化物聚集,还有网状碳化物存在,见图 2-145。周围属于正常组织状态。

图 2-145

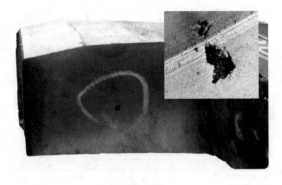

图 2-146

缺陷名称:铸造"砂眼"

处理状态:自然状态

个别中碳钢保持架在车加工过程中兜孔侧壁出现的孔洞,一般称之为砂眼,但实际为气泡,见图 2-146。

放大后观察,孔洞内可见明显的结晶颗粒,属于结晶的自然状态。内壁无氧化、铸造砂粒等。

缺陷名称:材料应力产生的裂纹

处理状态:自然状态

在棒料受压剪切时,在材料的受力变形位置,出现多条微细裂纹,可能是单一的,也可能是多条平行的裂纹,甚至是比较深、宽的裂纹,见图 2-147。这是由于材料的变形产生的拉应力与材料本身的内应力叠加导致的开裂。

在磷化状态下,材料拉应力加速了裂纹的形成。

图 2-147

图 2-148

缺陷名称:材料应力产生的裂纹

处理状态:自然状态

在冷镦机连续作业生产的情况下,在切离位置带有裂纹的料段会冲压成滚动体,最终进入终检工序。带有微细裂纹的滚动体更不易被发现(图 2-148)。

内应力比较大的材料,与其组织、硬度合格与否无关。可以通过去应力退火使内应力得到改善或消除。

3 锻造缺陷

锻造是零件毛坯的生产方法之一,对于易受循环应力影响的各种零件,为了进一步提高其抗蠕变、抗疲劳性能、刚性、塑性、强度,降低零件的自身重量,一般选择锻件为零件提供毛坯。无论是自由锻、模锻或其他特种锻造,都是利用钢在加热状态下具有良好的塑性变形能力,通过对金属进行锤击、挤压、轧制等方法,使金属产生塑性流动以改变金属形状的过程,同时提高钢的致密性,改善内部疏松及钢中原有组织、成分不均匀性等,同时改变钢中夹杂物的大小、形态及分布。

锻造对零件最终热处理的组织和性能影响很大,在备料、加热、锻压、冷却及清理时都可能产生裂纹或缺陷。在锻造工序,由于原材料质量不良或锻造工艺不当,可能造成锻造裂纹、锻造组织不良及外观形状缺陷,如不能及时发现并改进,对后序的热处理质量和零件性能会有很大影响。

零件锻后组织的有些缺陷甚至不能通过热处理来消除,锻后不良组织包括过热、过烧、脱碳、碳化物不均、晶粒大小不均、网状碳化物等。

3.1 轴承套圈锻造变形特点

锻造是使金属发生流动,形状改变的一个过程,所以必须了解轴承套圈锻造过程中的金属变形特点。

在压力作用下,加热后料段的变形是有一定规律的。顶锻阶段,料段幅高变小而直径变大,同时,原料段两端靠近端面位置的外径面会因变形进入锻件毛坯的端面,形成零件端面的一部分,见图 3-1,箭头部分为原料段外径转化为端面的部分。如果原料段外径存在材料表面裂纹,会带入端面。

图 3-1 棒料原始外径进入锻件端面部分

原料段外径进入端面形成端面的一部分,这部分的宽度与零件的镦粗比及加热是否充分有很大关系,镦粗比越大,在端面形成的宽度越大。

当加热氧化严重时,端面上原料段的倒角与外径交界处,会因氧化皮的进入,出现圆周方向的折叠。

变形过程是金属在外力作用下流动而产生的,图 3-2 显示了变形后的金属流线分布情况,即金属流动方向及相互间作用。材料的原有缺陷也会随金属的流动发生形状、位置的改变。金属的脆性杂质被打碎,顺着金属主要伸长方向呈碎粒状或链状分布,塑性杂质随着金属变形沿主要伸长方向呈带状分布,这样热锻后的金属组织就具有一定的方向性。

图 3-2　内部金属流线分布

在径、轴双向轧制的辗环机上,辗环件的变形特点是环形件截面积和截面上的径向、轴向尺寸都减小,其直径增大。在单一的径向辗扩中,由于受辗压轮型槽的限制,轴向(宽度)不发生变化,只有径向的轧制,环形件直径变大。同时,加热温度不均匀,表面和心部温度差异,冲孔深度及切底大小等因素导致金属流动能力的差异和金属流线的方向性。所以,锻件因不同轧制方式和制坯方式,金属的流动状态各不相同。

锻造流线使金属性能呈现异向性,沿着流线方向(纵向)抗拉强度较高,而垂直于流线方向(横向)抗拉强度较低。生产中若能利用流线组织纵向强度高的特点,使锻件中的流线组织连续分布并且与其受拉力方向一致,则会显著提高零件的承载能力。最显著的例子是吊钩的锻造性能,吊钩采用弯曲工序成形时,就能使流线方向与吊钩受力方向一致,从而可提高吊钩承受拉伸载荷的能力。所以仿形辗在节省材料的同时,也对提高轴承零件疲劳寿命有一定的贡献。带法兰安装盘的轴承套圈,必须保证锻造流线的连续性,见图 3-3。

图 3-3　轴承法兰盘连续的流线分布

金属流线的分布也会影响到零件后工序的加工,特别是在材料枝晶严重的情况下尤为突出。如对于转盘轴承套圈感应加热淬火时,因材料枝晶引起的带状及感应加热淬火的特点,在靠近过渡区的硬化层内,因淬火应力作用沿流线方向开裂的情况时有发生。图 3-4 为枝晶带引发的淬火裂纹。

图 3-4   裂纹形态与金属流线

轧制力的大小影响到工件变形速度和变形方向,例如,对一个完全透烧的料段进行拔长时,采用小的轧制力不断击打外径,会在料段出现凹心现象,是因为小的轧制力只导致了表面金属的变形和流动,而对心部作用很小。当然,料段加热时间短,料段没有透烧也出现形似的凹心现象,应根据具体情况进行区分。

在轴承套圈辗扩过程中出现的锻件飞边、折叠等缺陷,都是因为表面金属延伸大于内部金属延伸造成的缺陷,都与轧制力有关。

3.2   备料中缺陷

由钢厂供应到轴承生产单位的材料,是按 GB/T 18254《高碳铬轴承钢》标准加工的规定长度的棒材。使用单位根据具体零件的需要,截取一定长度的料段后才能使用,俗称"备料"。在此阶段出现的问题,与备料方法、加热温度、工具调整有关,但因备料阶段报废得很少,往往被大家忽视。

3.2.1   局部切割后振断形成的端面台阶

有的企业在备料过程中,为了减少工时或减少切割工具的消耗,采用带锯半切后锤击震断的方式,或离子切割外圈形成人为裂纹后锤击震断的方式。但这种方法往往存在一定的弊端,容易在料段断面的切割面与震断面形成自然台阶,见图 3-5。

这样的台阶必须清除,否则会在料段顶锻时在端面形成折叠,冲孔时会成为端面开裂的诱因,在端面形成图 3-6 所示的裂纹。

即使端面形成的裂纹比较微细,但偶尔也会因车工加工量小而保留到下道工序,有的在淬火过程中裂纹还会继续扩展、加深,导致开裂。

图 3-5　料段端面备料不当形成台阶

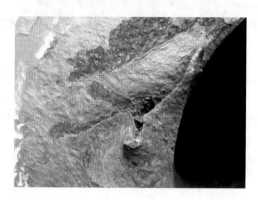

图 3-6　备料台阶残留引起的端面开裂

3.2.2　温剪备料的缺陷

（1）端面月牙形折叠

对于温剪料段，在料段的端面上会出现塑性变形区和撕裂区。当工具调整不当时，在料段的端面出现因材料塑性流动而产生"屋檐"状月牙形剪切唇，月牙形剪切唇与后形成的撕裂断口在高度上有一定的差别，即塑性变形区断口高于撕裂区断口，就是人们常说的"双眼皮"，见图 3-7。这样的料段经顶锻压制后，会在锻件平面形成半圆弧折叠，当"屋檐"较大时，锻件上折叠深度会大于车加工留量而保留到热处理或成品阶段。

料段端面的"双眼皮"，在锻件成型后形成折叠，折叠存在的部位与锻造方式有关。对于单一锻件，弧形折叠出现在套圈的端面上；对于内外圈合锻件，弧形折叠出现的位置与镦饼时带缺陷的端面所处的位置有关，当缺陷端面在上部时，弧形折叠出现在外圈的内径，当缺陷端面在下部时，弧形折叠出现在内圈的外径。

出现这样的断口除工具的原因外，其加工的温度也是一个主要因素。只有在中温区剪料、内外加热不均、材料塑性差异大时才会出现这样的问题，而在材料的完全脆性区温度下对材料进行剪切不会出现端面月牙形缺陷。

图 3-7　料段端面月牙

料段的端面台阶及月牙形折叠这两种备料缺陷易导致在锻件上形成裂纹。可以发现,在后面的各个加工环节,缺陷出现的位置、形状、裂纹内的脱碳都具有明显的特征。

(2)端部弯曲并拖出毛刺

料段上的毛刺是由于刀板刃使用一段时间后钝化,没有及时更换,或上下刀具位置偏差,使棒料不是经过纯剪切,而在最后分离时出现拖尾造成的。由于这样的毛刺经锻造后,在毛坯的端面或外倒角位置形成折叠或垫伤,所以应进行打磨消除。

图 3-8 为从端面背部观察到的毛刺状态,可见开始切料阶段,上下刃还处于对齐状态,但最后阶段,上下刀刃错位,出现间隙,导致最后金属分离时撕裂而产生毛刺。上下刀刃错位严重时,会形成倾斜的切断面——毛坯端面与毛坯中心线倾斜,并超过规定值。

图 3-8　料段端面毛刺

3.3　锻造中缺陷

锻件在生产过程中,由于种种原因,产生不同类型的缺陷,基本上都与工具、工装设计、备料的重量及操作者的水平有关。锻造是一个过程,关系到每个环节,解决问题首先要知道问题出现的原因,再对症下药。

常见的锻造缺陷主要有以下几种。

3.3.1　锻造折叠

锻造折叠是锻造缺陷中常见且重要的一种形式,是锻造过程中因金属的流动,氧化的表层金属相互汇合形成的。

　　锻造的非均匀性形变是锻造折叠产生的重要原因,但锻造本身就是通过外力改变金属形态的方式,非均匀性变形是一定存在的,只能通过减少局部不均匀变形的差异避免折叠的产生。

　　锻造折叠和裂纹表象较为相似,但性质存在较大的差异,裂纹属于扩展性缺陷,折叠则属于非扩展性缺陷。

　　折叠边沿金属及内在氧化皮与其周围金属流线方向一致,折叠边沿两侧有较重的脱碳和氧化现象,见图 3-9、图 3-10。

图 3-9　折叠边沿金属流动及脱碳

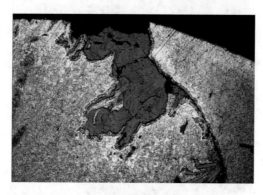

图 3-10　折叠导致的严重氧化皮

　　端面凹陷是锻造折叠的一种,是未完全合并的折叠。缺陷处于端面中心位置,凹于两侧,在凹处存在氧化皮和脱碳。凹陷因氧化的金属未完全汇合,所以具有一定的宽度,比较严重的端面凹陷在车工工序就可以被发现,而比较轻微的凹陷,在车工时能够车削掉黑色氧化皮,但底部脱碳层会残留,容易进入热处理工序。热处理后,套圈端面中心部位会产生软点或呈圆周分布的软带。

　　存在端面凹陷的套圈,只有经过冷酸洗或抛丸(喷砂)才可以发现。经冷酸洗后,会因纯脱碳层的存在表现出灰白色脱碳的点或带,无纯脱碳存在时,表现为暗黑色的点或带。而抛丸(喷砂)后,仅表现为暗黑色的点或带。

　　套圈端面出现软带时还比较易发现和区分,但出现软点时,会给检验工作带来很大的困难,易流入成品。

　　端面凹陷出现的原因主要有几个:

①锻件温度差的存在,表层金属流动大,在断面弯曲形成凹陷,是折叠的一种。

②制坯件端面高度不足,锻件毛坯断面轻微的凹凸在车工后凹处保留下来。

③坯件表面厚的氧化皮在墩粗时嵌入零件端面。

④制坯件半成品内外径不同心。

⑤制坯件半成品平行差大。

⑥操作者调整不当。

⑦轧制力不足。

3.3.2 飞边毛刺

飞边毛刺是锻造模具不能控制金属流动形变的结果,属于锻造过程中经常发生的缺陷。如果飞边毛刺只存在于端面,没有形成垫伤及对毛坯的其他部位造成影响,只对车加工造成不利,可以通过调整端面的车削量得到解决。但往往毛刺在辗环后存在的位置是随机的,会影响到端面、内径、外径质量,造成垫伤,特别是在套圈的端面、倒角比较严重,形成的垫伤深度超过一定尺寸后,就不能满足车工尺寸要求,出现露黑皮的现象。按正常来讲,这是不允许存在的。但一些企业,认为只要能保证磨削后不露黑皮,也允许将这样的产品向下移动。这种做法虽然减少了废品,但完全没有考虑对性能的影响,不宜提倡。

图 3-11 径向外径飞边毛刺

(1)飞边毛刺的形成原因

飞边毛刺分为轴向和径向两种,其形成的原因主要为:

①工具、工装设计不合理,比如轮深小于锻件的壁厚,会形成轴向毛刺;在辗压辊短于锻件高度的情况下,则产生径向毛刺。

②制坯件造型不理想,比如孔冲偏时,厚度大的一侧辗压时受轮腔的限制,辗压至毛坯的内径,形成内径垫伤,也偶尔挤压出轮腔,在端面产生局部毛刺。

③备料重量超差,大于标准要求的重量,多余的材料形成毛刺。

④辗压轮前后摆动,没有和辗压辊组成一个稳定的型腔。

(2)解决办法

①在发现毛刺时,应立即停止加工,用扁铲清除毛刺后再继续辗扩。

②调整滑板间隙或调整辗压轮的安装位置,使辗压轮转动平稳。

③加大轧制力,使金属快速流进模腔,强制使金属流动均匀化。

3.3.3　内径夹皮及凹陷

（1）内径夹皮

在锻锤制坯过程中，操作者冲孔时上下孔位置没有对正会出现偏差，使部分料芯没有冲掉，在毛坯内径形成折叠，毛坯辗扩后形成内径夹皮。上下冲子的中心偏差大小决定了夹皮深度及大小。

轻微的内径夹皮可以通过车加工车削掉，但较重的基本都保留到磨加工工序才能发现。其夹皮在内径表面上可以是任意角度，形状也不规则，缺陷部位因为经过辗扩，所以较平缓，呈现宽条状或不规则的弧形。在两侧的金属都存在很明显的脱碳现象。

在压力机制坯时，冲孔和切底的位置不同心，还会形成内径凹坑，幅高高的锻件最容易出现。

模具垂直度不好造成成型冲子和与切底冲子在制坯件上的位置不完全重合，所以在半成品内径留下凹坑，当辗压比太小时，这种凹坑就不能被消除，非常容易造成废品。当切底冲子尺寸与冲孔冲子不配套时，导致切底不完整，在内壁留下整圈的夹皮，很难保证成型冲子与切底冲子在毛坯上的位置一直完全重合，所以要尽量保证内径的辗压比大于或等于1.5。

提高压力机的设备精度，减小滑块和滑板之间的间隙，调整成型胎和成型冲子的同心度，可以减少此类缺陷的产生。

（2）端面凹陷

在采用径向辗扩成型的轴承环锻造中，端面凹陷废品占总废品数的40%以上，端面凹陷形成的原因主要有以下几点：

①制坯件高度矮。这种原因形成的凹陷，是在端面壁厚的中心部位沿圆周方向均匀分布凹陷。

②制坯件平行差大。辗扩时在端面矮的部分形成局部凹陷。

③制坯件壁厚差大。辗扩时在壁厚薄的端面处形成局部凹陷。

④壁厚厚而且壁厚大于幅高的辗压件。在辗扩时，辗压件的内外径同时受到辗压轮和辗压辊的径向挤压力直接作用，首先发生变形，心部是间接受力区，后发生变形。辗压件端面处受轮腔限制，离挤压力近的部位首先填满，而端面中心最后发生变形，最不易充满。所以，壁厚越厚的辗压件越易形成端面凹陷。

异形辗压件变形过程中存在变形的不均匀性。圆锥内外圈轴承环辗压件、内径方沟形（沟宽大于幅高的1/2时）轴承环辗压件，最易形成端面凹陷。对于此类凹陷，可以通过改变制坯件形状来消除。

3.3.4　椭圆、锥度

锥度是辗扩工具调整不当或工具挠曲变形所致，要保障辗压轮、限制辊、辗压辊的中心线保持平行，环形件才能不产生锥度。对于高筒型锻件辗压辊钢性不足所形成的挠曲变形，可以通过垫下胎或将辗压辊车制成锥形来加工直板锻件，以弥补辗压辊的挠曲变形。

锻造环形件的椭圆对车加工造型的几何精度影响很大，也是锻造废品的主要形成因素之一。

①由于辗环操作者手法不当或限制辊位置不当造成。可以通过调大限制辊与碾压辊的中心距离、增加精辗时间或通过整径手段得到改善。

②辗压件壁厚厚度太薄,刚度差,不但不易辗圆,而且套圈辗扩成型出料过程中的撞击就能使之变为椭圆。所以,工艺路线的合理性也是至关重要的。

3.3.5 端面平行差

锻件两端面不平行,在锻造过程中也时有发生,但概率不大,主要是由于制坯件不合格,预锻的毛坯件端面平行差大,或壁厚差太大,在辗扩过程中未消除,可以通过提高制坯件造型精度得到改善。

辗扩过程中产生的飞边毛刺使锻件产生垫伤,在毛刺清除后也会导致锻件平行差不合格。制坯件的不合格除操作原因外,也与料段的马蹄形部分的大小有一定的关系。

3.3.6 端面斜度

端面斜度俗称端面肿嘴,即环型件端面靠近内径的尺寸与靠近外径的尺寸差过大,给车工端面造成困难。产生原因如下:

①辗压轮磨损严重没有得到及时更换造成的。

②辗压轮太浅(这样的质量问题不会影响到成品状态)。

3.3.7 锤花废品

锤花废品比较容易出现在锻件的外径靠近中心位置,是锻锤制坯时锤击力量过大或锤击次数太少、坯件壁厚严重不一致、锤击留下的痕迹在辗扩过程中无法消除造成的,这样的缺陷在车工工序很容易产生废品。

对于自由锻,因无辗扩过程,所以在锻打的最后阶段,应减小锤击力度,避免出现锤击面较宽的平面,使工件形成诸多细小锤击面组成的多面体。

3.3.8 锻造过热、过烧

锻造过热、过烧是指在锻造过程中,坯件的加热温度高于材料允许的温度较多或在高温状态下停留的时间太长,造成材料晶粒长大、晶界出现氧化或晶间熔化,严重降低了材料的抗冲击和抗拉性能,特别是室温下的冲击性能强烈地下降。

过烧、过热外观的表现可以是多种多样的。由于过烧严重的坯件在锻造过程中,特别是冲孔过程使坯件开裂、不能辗扩成型等,可以在锻造过程中发现,冷却后,其断口呈明显的粗晶状态,晶粒的晶面表现明显。没有在锻造过程中开裂,较轻微的过烧在车工和热处理中发现的概率很低,基本是在精磨后,磨削面出现大量有一定深度的细微麻点。试样制备后用显微的方式观察,可以看到很多在晶粒交界位置出现的三角孔洞,即显微空隙,有这样的缺陷的零件只能报废。

谈到锻造过烧,不能只想到粗大的晶粒和孔隙,因为零件的过热到过烧不是飞跃的,总有一个过渡阶段,即零件的锻造过烧有轻有重。我们可以把只有晶粒长大但没有发生晶间氧化的状态称为过热;晶间氧化后的状态,全部称为过烧。

对于锻造过热,在显微镜下没有显微孔隙,但由于锻造晶粒的长大,总有痕迹可寻,如个别情况下,能看到碳化物网状的分布即可确定原始晶粒的大小。图3-12也是锻造温度高导致的一种严重过热的断口状态,在断口上存在许多肉眼可见的亮点,俗称为萘状断口。

图 3-12　锻造温度高造成的萘状断口

　　过热相对于过烧而言，只是晶粒明显的长大而没有明显的宏观缺陷，其危害虽然比过烧小，但由于其隐蔽性，往往都会流向成品而不被发现。由于过热锻件的机械性能的降低，尤其是冲击性能，这严重降低了轴承的使用寿命。

　　过热的粗大晶粒，可以使用适当的热处理工艺进行改善，例如采用细化晶粒的退火、正火等，所以过热不是报废的依据，工件可以再处理进行挽救。

　　晶间氧化和显微孔洞的出现，是判定过热和过烧的界限。过烧意味着空气中的氧气已经沿晶界渗入金属内部，在晶界形成极薄的氧化层并在晶间开裂形成显微孔隙，见图 3-13。

图 3-13　晶间氧化和显微孔隙

　　因不存在逆向转变，无论利用退火、正火等热处理方式，已经存在的晶间氧化和显微孔隙都不会得到改善。

　　过烧有整体过烧和局部过烧、内径过烧和外径过烧等几类。料段的整体过烧，属于炉膛温度高、保温时间长所致。在零件的任何位置检验，都具有过热、过烧的特征。而局部区域性过烧，一般多出现在采用火焰喷射方式加热的锻件中，由于个别位置直接受到高温火焰的喷射，导致局部过热、过烧，甚至造成料段的局部熔化。

　　过热、过烧在毛坯的锻打过程中也可以形成。当料段的镦粗比过大时，势必用较大的冲击力、长时间连续击打锻件，机械性能不断转变为热能，锻件表面热量在空气中散失掉，温度下降，而心部应变最大，吸收的热能最大，造成心部温度不断升高，形成锻件中心的过热、过烧现象。

3.3.9　网状碳化物

网状碳化物的存在,严重破坏了金属的连接性能,降低了抗冲击和抗拉强度,会使含有此种缺陷的轴承冲击性能降低。所以,在轴承相关标准中对碳化物的形状、粗细都进行了严格的规定。

零件的锻造是在完全奥氏体化状态下进行的,在辗扩完成后依然保持在900℃以上的高温状态,在随后的冷却过程中碳化物从奥氏体中逐渐析出。当零件的冷却速度小时,碳扩散的距离可以很大,移动到晶粒边界聚集形成碳化物。当碳化物量达到一定值时,在晶粒边界形成网状碳化物或链状碳化物。停锻的温度越高,零件在高温区停留的时间就越长,碳的扩散越容易,即形成网状碳化物的概率越大。

降低锻造的加热温度、降低停锻温度、提高辗环完成后的冷却速度可以减少网状碳化物的形成,比如毛坯采用风冷、雾冷,提高冷却速度,即缩短碳的扩散时间和距离,是解决网状碳化物形成的有效方法。

对于需要预防白点产生的毛坯,只能在高温阶段使用快速冷却方式,避免粗大网状碳化物产生,但在低温阶段要采用使毛坯缓慢冷却的方式。

3.3.10　R角缺陷

锻造时,锻件倒角没有充满,不能车加工成型,或车加工后套圈倒角有氧化皮残留,称为R角缺陷。R角缺陷是锻造废品的形式之一。

①辗压件形状与制坯件形状不相符,造成金属流动困难,无法充满倒角,对此,需要制造合适的制坯工具。对于辗压比小的锻件就必须加大个别部位留量,减小加工难度。

②限制辊离辗压件中心位置远,不易挤满倒角,如倒角缺肉,可以调近限制辊。

③孔冲偏,制坯件壁厚差大,厚度大的一侧倒角充满甚至产生局部毛刺,而厚度小的一侧会形成这种缺陷。所以手工操作的锤上制坯,冲孔操作者很重要,其操作水平直接影响辗压件的质量,如果是压力机制坯,就需要调整冲孔二位工装,使半成品内外径同心,以消除辗压时倒角缺肉。

3.3.11　锻造裂纹

在轴承零件的锻造过程中,因原材料缺陷,如折叠,皮下气泡、非金属夹杂等,都可以引起零件的锻造开裂,同时认识到锻造温度高易造成过热和过烧,所以,锻造时一般习惯性地去控制材料质量及控制锻造温度不要超过某一加热温度,但往往忽略了锻造温度低带来的问题。

金属材料缺陷多集中在中心部位,导致中心抗拉性能最低。当加热温度低,金属塑性差,或保温时间不足时,心部塑性将低于表层部分的塑性,在棒料剪切时,在料段端面心部出现沿剪切方向的裂纹,见图3-14。

图3-14中棒料的外层变形明显大于心部变形,使料段端面呈马蹄形。剪切过程中,在剪切方向上,心部承受的是压应力,在垂直于剪切方向上,心部承受的是拉应力,金属的塑性越低,拉应力越大,材料开裂的倾向越大。

锻造毛坯温度低、透热不够等,特别是大圆料,加热速度快、保温不足,在顶锻过程中,锻件很容易从内部开裂,或锻造过程中毛坯的温度降低、毛坯辗环时孔边沿开裂。尤其对于不锈钢的锻造,毛坯在冲孔阶段,孔边沿极易形成微细裂纹,应及时用冲头抹平,否则在辗环过程中会形成相同形态的裂纹。

图 3-14　料段中心裂纹

图 3-15 为保温时间不足,因内外形变能力不同造成的外径横裂。对于长径比较大的料段,采用自由锻的顶锻过程中,会因设备冲击力不足,出现图 3-15 所示外径横裂的废品。

图 3-15　锻造外径横裂

料段加热不足,金属延伸率比较低,在冲孔时会导致孔边沿开裂。冲孔开裂与料段端面在冲孔前存在裂纹,两者之间是比较容易区分的,见图 3-16。

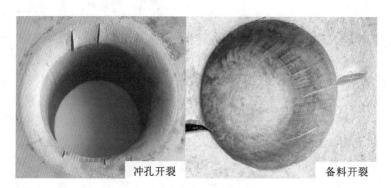

冲孔开裂　　　　　　　　　　　　　　　　　备料开裂

图 3-16　孔径边沿裂纹

冲孔开裂,裂纹源于内径位置,并向外延伸,孔底部无裂纹痕迹。采用锥度大的冲子冲孔,孔壁有裂纹痕迹存在的可能,即使存在,痕迹也会很短;采用锥度小的冲子冲孔,孔壁不会存在裂纹痕迹。而料段本身存在裂纹时,在孔边沿处不是裂纹源,所以不具备这种特征。由于料段端面裂纹贯穿了孔径,在孔壁及底部会有原始裂纹的残留痕迹。图 3-16 中冲孔两侧裂纹对称,并几乎在一条直线上,这是由材料本身的特性决定的。

当冲子温度低时,也会在冲孔阶段在孔边沿引发裂纹,其裂纹方向是不规则的。特别是对于 9Cr18 等不锈钢,铜保持架的锻造、冲子及锤砧都需要经过加热后使用。

冲孔引发的裂纹,需要及时处理,比如用冲头抹去等,使裂纹特征消失,避免辗环时裂纹延伸,导致锻件报废。

锻造水炸也称湿裂,是在锻造工序产生的一种裂纹,裂纹几乎垂直于表面,多发生在辗扩成型后,锻件局部或整体掉入水中使高温锻件急剧冷却而产生裂纹,所以在锻造过程中及锻后短时间内,应注意工作环境,避免锻件掉入水中。

套圈在辗环机上停辗时,受到冷却芯轴的水对辗压件局部大量冲淋,也会导致加工的套圈出现水炸裂纹。

水炸裂纹是一种很特殊的锻造缺陷,危害很大。在车工时会引起开裂,崩刀,甚至伤人。但水炸裂纹在热处理过程中一般不会扩展。

对此种缺陷的检验、判定是很简单的,在裂纹的中间,存在有很厚的氧化皮,在裂纹的两边,都会存在严重的脱碳,在显微镜下放大后观察,脱碳层中的纯铁素体以柱状晶存在,见图 3-17。

图 3-17　柱状铁素体

3.4　典型锻造缺陷图例

缺陷名称:冷切割台阶

处理状态:冷切割断口自然状态

为节省切割成本,降低带锯消耗,采用带锯切割一半后锤击震断的方式备料,对于热加工用不退火材料是比较实用的方法,但由于在带锯切割与震断口交界处出现台阶,需要进行人工清理。

在落差较大位置,可见未清理掉的微细裂纹,见图 3-18。

图 3-18

缺陷名称:料重不稳定

处理状态:冷切割断口自然状态

锤击震断的过程中,断裂未达到理想状态,裂纹扩展方向的改变造成相临两料段重量的不稳定,见图 3-19。对于精密锻造,此备料方法是不可取的,造成锻件缺肉或飞边。

图 3-19

缺陷名称:冷切割台阶

处理状态:冲孔后的自然状态

料段端面台阶在锻件冲孔外的表现形态之一。由于备料时形成的切割台阶高度是不确定的,会在锻件的端面出现一横向折叠痕迹,较深的折叠会残留到车加工后,见图 3-20。

图 3-20

缺陷名称:冷切割台阶在锻件端面的残留

处理状态:辗环后的自然状态

料段端面台阶在锻件端面的表现形态之一。原台阶在辗环后表现为端面的折叠,呈一定角度向内延伸,见图 3-21。折叠线与套圈呈不同心状态,区别于锻造的辗环折叠。

图 3-21

缺陷名称：冷切割台阶

处理状态：冲孔后的自然状态

图 3-22 为料段端面台阶在锻件冲孔内的表现形态之一。备料台阶经顶锻后形成连续的折叠，在冲孔后在内孔两侧分布，在内径底部是否会留下折叠痕迹是由折叠的深度决定的。

台阶严重时，会在冲孔时沿折叠处撕裂造成裂纹。

图 3-22

图 3-23

缺陷名称：冷切割台阶裂纹

处理状态：冲孔后的自然状态

此缺陷为切割台阶引起的锻件单边开裂。

此工件裂纹出现在端面的一侧，裂纹还没有扩展到原材料外径处，见图 3-23。

备料时形成的切割台阶深浅不一，比较深的台阶出现的位置也是随机的，在锻造冲孔时会造成某一位置开裂。

缺陷名称：冷切割台阶残余

处理状态：锻件端面自然状态

在毛坯冲孔后开裂的位置，经辗环后在靠近内径位置呈现撕裂状态，见图 3-24。当撕裂点最低位置不满足幅高要求时，会因零件端面"缺肉"而报废。

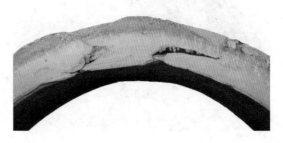

图 3-24

图 3-25

缺陷名称:冷切割台阶造成的撕裂残余

处理状态:成品端面自然状态

备料切割台阶经一系列加工工序,在锻造阶段形成的比较严重的开裂会保留到成品阶段,出现在靠近内径位置。缺陷周围存在大量的脱碳,断口内保留撕裂痕迹,见图 3-25。

缺陷名称:料段端面台阶

处理状态:锻打后自然状态

料段端面存在的切割台阶是在锻造后的形态之一,出现在锻件毛坯的端面,形状为一折叠弧形,见图 3-26。在锻件存在的位置,料段端面台阶或顶锻后形成的折叠,与锻件的形状有关。

图 3-26

图 3-27

缺陷名称:月牙形折叠

处理状态:滚道车加工自然状态

热剪切形成的月牙形缺陷,在未清理时进入锻造工序,在套圈毛坯上产生折叠,见图 3-27。

一般的锻造方式,折叠出现在套圈端面,但在内外圈合锻(塔锻)时,会以很隐蔽的方式出现在内圈的沟道上。

缺陷名称:冲孔折叠

处理状态:自然状态

在自由锻设备上,冲子的位置是由操作者确定的,需要一定的熟练程度及相互间的配合。上下冲孔时中心位置偏移会导致毛坯件的孔内出现单边折叠(图 3-28),需要及时清理。

图 3-28

图 3-29

缺陷名称:冲孔折叠

处理状态:自然状态

冲子选择不当,切底冲子直径太小或 R 角太大、头部尖锐等,导致切底时金属反向流动,形成沿圆周分布的大范围折叠,见图 3-29。

缺陷名称:冲孔折叠

处理状态:套圈辗扩后自然状态

冲孔折叠是在冲孔阶段未及时清理的孔内折叠,见图 3-30。经辗环后,在环件的内径的表现形式之一。因为环件尺寸已经固定,较厚的折叠经车加工后是不能完全去除的,只能报废处理。

图 3-30

图 3-31

缺陷名称：冲孔折叠

处理状态：套圈辗扩后自然状态

冲孔形成的折叠经套圈辗扩成型过程，边沿部位会挤压得很薄并因形变撕裂，形状变得极不规则，见图 3-31。

缺陷名称：冲孔折叠

处理状态：热处理后自然状态

严重的冲孔折叠延伸到端面，并保留一定的厚度。

在车工时，原平衡状态打破，导致夹皮与基体出现错位现象，操作者已经发现缺陷的存在，所以折叠边沿有敲击的痕迹并且敲击坑边沿呈凸起状态，见图 3-32。

图 3-32

图 3-33

缺陷名称：冲孔折叠

处理状态：磨加工后自然状态

磨加工后内径大面积的外皮脱落，露出锻造折叠。裸露面有严重的氧化及在辗扩过程中由两个折叠面挤压形成的撞击麻坑，见图 3-33。

缺陷名称:冲孔折叠

处理状态:4%硝酸酒精浸蚀

磨加工后折叠裸露但外层夹皮未掉的情况,在其边沿处可见夹层内状态,见图3-34。

由于折叠是在锻造过程中形成的,折叠夹皮的两侧在硝酸酒精浸蚀后显示出脱碳层。

图 3-34

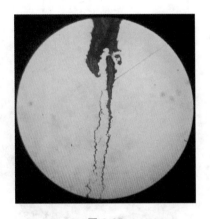

图 3-35

缺陷名称:折叠

处理状态:抛光状态

图 3-35 所示为锻造折叠形成的裂纹,与其他裂纹的区别在于裂纹根部呈燕尾分叉状,伴有充满的氧化皮。向内延伸的微细裂纹,属沿晶开裂,裂纹弯曲、宽窄不一,是在后期淬火时,在热应力作用下原始裂纹向内延伸的结果。

缺陷名称:零件飞边及内外径尺寸超差

处理状态:辗扩后自然状态

由于料段重量超出标准要求,在自由辗时,多余的金属会在辗压轮与芯轴间隙挤压到辗扩模具之外,造成零件飞边及内外径尺寸超差,见图3-36。

图 3-36

图 3-37

缺陷名称：备料重量超标导致的折叠

处理状态：辗扩后自然状态

顶锻镦粗后制品高度超出要求及下料过重，导致辗环时辗压轮不断辗切料段端面或多余的金属在辗压轮与芯轴间隙挤压流动到辗压轮外侧，在外侧端面形成折叠，见图 3-37。

缺陷名称：备料重量超标导致的飞边

处理状态：冲孔后自然状态

超出下料高度的料段，镦粗到一定高度时，在压力机成型工位，料段直径略大于模具内径，料段在上冲子作用下挤入模具，表面加热温度高，金属流动性好的料段外径金属流向模具外，形成飞边，见图 3-38。

图 3-38

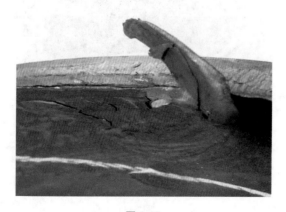

图 3-39

缺陷名称：内径飞边折叠

处理状态：锻件折叠外力翘起状态

在套圈辗环过程中，芯轴与辗压轮挤压使套圈金属向两端流动，流向自由端的金属在套圈内径形成飞边。外力作用使外皮翘起后可见，折叠具有一定的厚度，并且不是一次性形成，见图 3-39。

缺陷名称:外径飞边毛刺垫伤

处理状态:去掉毛刺后自然状态

去掉毛刺,可见因毛刺造成的垫伤,见图 3-40。垫伤较重时,会因车削量不足造成外径黑皮。

图 3-40

图 3-41

缺陷名称:端面飞边折叠

处理状态:热处理后自然状态

端面飞边折叠未去除掉,在外径及端面都表现出折叠面,见图 3-41。此种缺陷,虽然不处于工作面,但不允许存在,只能按报废处理。

缺陷名称:外径飞边折叠

处理状态:磨加工后自然状态

图 3-42 所示为进入外径的飞边造成的缺陷在磨加工外皮脱落后的表现形态,其特点是缺陷内有金属挤压的痕迹,坑的深浅不一。

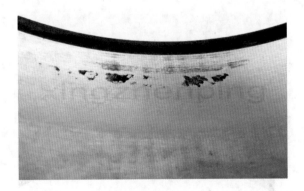

图 3-42

图 3-43

缺陷名称:飞边折叠

处理状态:磨加工后自然状态

折叠出现在内倒角位置,一边与内径相连,说明飞边源于内径。飞边长度较短,变形很小,没有进入或很少部分进入端面及外倒角部位,见图 3-43。

缺陷名称:飞边折叠

处理状态:磨加工后自然状态

飞边或冲孔形成的折叠辗扩到套圈端面,并具有较大的流动性,缺陷有一端与靠近内径的基体相连接。

由于终锻温度较高,折叠面存在滑动条纹,但不平滑、光亮,见图 3-44。

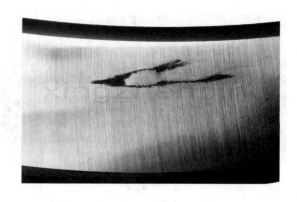

图 3-44

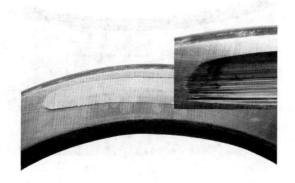

图 3-45

缺陷名称:飞边折叠

处理状态:磨加工后自然状态

比较大的飞边折叠进入套圈端面,由于锻件温度的降低,折叠内壁相互挤压得比较光滑,呈线条状波浪纹,见图 3-45。

缺陷名称：飞边折叠

处理状态：磨加工后自然状态

因折叠的外层皮在热处理前已经脱落，使内壁暴露出来，在热处理过程中氧化，见图3-46。

从痕迹走向可以判断，是因为内径飞边进入端面导致的折叠。

图 3-46

图 3-47

缺陷名称：飞边折叠

处理状态：磨加工后自然状态

折叠出现在外倒角位置，经车制后，外皮脱落，见图3-47。

从折叠内壁光滑程度看，无波浪形条纹或严重氧化，说明终锻温度比较合理。

缺陷名称：飞边折叠

处理状态：磨加工后自然状态

折叠外皮脱落，在底部可见完整的"刀花"，有"力透纸背"的感觉，说明车加工时进给力很大，见图3-48。

在缺陷凹坑的右侧，可见未脱落的部分夹皮。

如此大的车加工压力，对于轻、窄产品，特别是厚度比较小的产品，意味着将发生变形。

图 3-48

图 3-49

缺陷名称:内径折叠

处理状态:磨加工后自然状态

在套圈内径存在的折叠由于在车工后期部分脱落,车刀经过凹坑时刀头下沉,在凹坑一侧留下车工刀纹。在凹坑底部及车工刀纹位置可见明显的热处理痕迹,见图 3-49。

缺陷名称:飞边折叠

处理状态:磨加工后自然状态

图 3-50 所示为外径飞边进入端面形成的折叠。在套圈热处理后,外皮还存在,采用角磨机打磨外皮连接处,清理缺陷,所以在端面折叠的外皮去除后在凹坑前端存在打磨痕迹。

打磨形成的条形坑底部无热处理痕迹,所以确定为热处理后打磨。

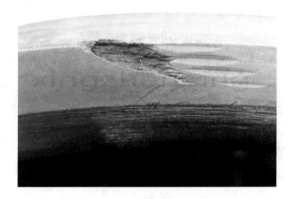

图 3-50

图 3-51

缺陷名称:飞边折叠

处理状态:4％硝酸酒精浸蚀

因为飞边温度降低的速度远大于套圈本身降温速度,所以飞边部分更容易在辗环过程中辗裂,其脱碳程度也小于套圈表面,见图 3-51。

从端面浸蚀后色泽观察,折叠周围脱碳严重,为明显的淬火软点。

缺陷名称:飞边折叠

处理状态:磨加工后自然状态

折叠出现在倒角位置,在热处理
之前外皮脱落形成凹坑,凹坑内比较
光滑,见图 3-52。凹坑内色泽与倒角
色泽均为蓝色,说明热处理为保护性
气氛热处理。

图 3-52

图 3-53

缺陷名称:飞边折叠

处理状态:磨工后 4% 硝酸酒精
浸蚀

内径飞边在套圈辗扩时挤入套圈端
面,在成品状态下呈现为以一定角度分
布的凹坑,浸蚀后可见明显脱碳,见图
3-53。

此缺陷与套圈的端面凹陷形状相
似,危害形同,一般称为锻造凹陷。

缺陷名称:外物垫伤

处理状态:锻造冲孔后自然状态

冲孔料芯没有及时清理,平幅时
料芯在压力作用下镶入毛坯端面并与
毛坯端面持平,见图 3-54。

即使清除镶入的料芯,由于料芯
镶入造成的凹坑较大,并受其位置限
制,辗环过程中不能充满,锻件端面也
会出现"缺肉"或折叠。

图 3-54

图 3-55

缺陷名称：垫伤

处理状态：磨加工后自然状态

出现点状垫伤的情况比较复杂，因无参照物故判定困难。图 3-55 所示垫伤基本属于冲孔折叠和辗环过程中外物带入造成的。

垫伤坑底部存在挤压痕迹，边沿脱碳。

缺陷名称：夹灰垫伤

处理状态：磨加工后自然状态

图 3-56 中引起套圈垫伤的物质硬度明显高于辗环过程中红热状态下的套圈。硬物镶入时，滑动产生了由浅到深的流线。

两缺陷点的辗入左点在先，右点在后，两镶入点间存在后镶入点推移过去的金属。

图 3-56

图 3-57

缺陷名称：端面凹陷

处理状态：车削后自然状态

由于镦粗时幅高变小，毛坯在辗扩时金属未通过变形流向端面弥补高度不足，造成端面中心大面积深度凹陷，见图 3-57。

缺陷名称:端面凹陷

处理状态:磨削后自然状态

端面中心凹陷处两侧金属未完全靠拢的状态,是锻造端面凹陷的主要形式。

由于端面幅高不足,在辗扩时内、外径金属通过变形流向端面,造成端面中心凹、两面凸的形态,在凹陷处可见金属流动的痕迹,见图 3-58。

图 3-58

图 3-59

缺陷名称:端面凹陷

处理状态:磨削后自然状态

在辗扩时内、外径金属通过变形流向端面并靠拢,氧化皮挤压在缝隙中形成折叠。

缺陷沿周向在端面靠近中心分布,端面中心凹陷处两侧金属呈靠拢的状态,见图 3-59。

缺陷名称:端面凹陷

处理状态:工件解剖截面

图 3-60 所示为沿轴向切割套圈,截面上凹陷的放大状态。

由于金属由两侧向中心流动,给人一种金属弯曲折叠起来的感觉。在热状态下,氧化皮也随金属出现了弯曲变形,但并未发生脆裂,工件冷却后,一侧的氧化皮与基体金属分离。

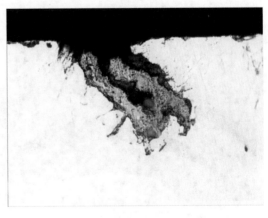

图 3-60

图 3-61

缺陷名称:端面凹陷

处理状态:磨削后 4‰硝酸酒精溶液浸蚀。

图 3-61 所示为靠近套圈内径处发生的凹陷。

凹陷比较严重时,经过车加工不能清除,存在有氧化皮及大面积的脱碳。

缺陷名称:端面凹陷

处理状态:磨削后 4‰硝酸酒精溶液浸蚀。

图 3-62 所示的凹陷比图 3-61 的小,但也具备所有的凹陷特征。

一些情况下,由于留量的问题,端面凹陷在磨加工后消除,但因为凹陷底部脱碳残留,导致端面出现呈线性分布的局部软点。

图 3-62

图 3-63

缺陷名称:内径垫伤

处理状态:磨削后自然状态

毛刺或其他温度较低的异物进入芯轴与工件内径之间,造成内径凹陷,见图 3-63。

在套圈辗扩过程中,温度较低的异物与内径产生滑动,在其缺陷面可见金属滑动产生的错位痕迹。

缺陷名称：内径垫伤

处理状态：锻件自然状态

　　缺陷是由温度低、强度高的异物从进入到通过辗压镶入内径金属的滑动过程造成的。滑动产生的凹陷从浅到深，直至完全镶入，与内径平齐，见图 3-64。

图 3-64

图 3-65

缺陷名称：内径垫伤

处理状态：磨削后自然状态

　　芯轴与辗压轮动作不协调造成的错位伤，是芯轴与套圈不同步旋转形成的剪切力将表层金属撕裂形成间隔形式的条形错位伤，表现为三角形孔洞。孔洞边沿有撕裂痕迹，孔洞间金属在热状态下发生弯曲变形，见图 3-65。

缺陷名称：锤花废品

处理状态：车加工状态

　　图 3-66 所示为出现在零件外径中部的锻造锤印，在车加工后依旧保留的状态。

　　对于有拔长要求的锻件，锤击重的情况下在套圈弧形面上留下比较平整的平面。

　　锤花废品多以这样的形式出现在套圈外径。

图 3-66

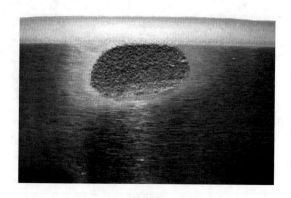

图 3-67

缺陷名称：锤花废品

处理状态：磨加工状态

图 3-67 所示为出现在零件外径靠近端面部位的锻造锤印，在车加工后依旧保留的状态。

用 4％硝酸酒精浸蚀，在锤花面周围可见明显的脱碳。这种锤花废品的出现概率比较低。

缺陷名称：内径半圆缺陷

处理状态：套圈自由锻状态

图 3-68 所示为芯棒直径选择不当情况下，重度锤击导致的弧顶留量不足的废品。

由于芯棒直径较小，套圈内径局部变形大，弧顶直径尺寸与弧交界棱直径尺寸相差很大，内径形成多棱体。

图 3-68

图 3-69

缺陷名称：R 角缺欠

处理状态：锻件自然状态

由于下料重量不足或辗扩不到尺寸要求，套圈倒角没有充满，不能车加工成型，造成 R 角缺欠。

缺陷处表现为一种与外物无任何接触的自然形态，见图 3-69。

缺陷名称:R角缺欠

处理状态:4%硝酸酒精浸蚀

R角欠缺可以发生在套圈内径,也可以发生在外径,与顶锻及冲孔形态有关。

用硝酸酒精浸蚀,缺陷边沿可见与其他锻造缺陷一致的严重脱碳,见图3-70。

图 3-70

图 3-71

缺陷名称:R角缺欠

处理状态:成品自然状态

在一些套圈的R角缺欠处,可以观察到套圈辗环时金属流动的痕迹,见图3-71。这样的金属流动痕迹说明,辗扩过程中芯轴与辗压轮线速度并不同步。

缺陷名称:氧化皮脱落

处理状态:自然状态

锻造加热温度不高,但保温时间过长的情况下,套圈局部或整体氧化皮很重,辗扩时氧化皮垫伤,在氧化皮脱落后显示的金属蠕动形成"褶皮",见图3-72。

图 3-72

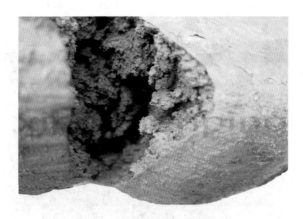

缺陷名称:锻造过热导致开裂

处理状态:自然状态

由于锻造加热温度高,加热时间长,导致金属晶粒粗大,强度降低,在镦粗时开裂。

由于没有达到过烧状态,断口呈现"豆腐渣"状态,见图3-73。

图 3-73

缺陷名称:锻造过热导致开裂

处理状态:自然状态

当原材料存在表面裂纹时,锻造过热更容易引起开裂,见图3-74。

按废品判定原则,此废品原因虽然归属材料裂纹,但锻造应该改进。

图 3-74

缺陷名称:锻造过烧

处理状态:自然状态

图3-75所示为料段加热后捞料时磕伤显示的过烧状态。

由于火焰直接喷射到料段上,造成料段的局部过烧。过烧后的材料强度很低,受力很小的情况下也会开裂、掉渣等。

图 3-75

缺陷名称:锻造过烧

处理状态:冲孔后自然状态

过烧比较轻的料段在镦粗时没有开裂,但在冲孔时,金属的形变使料段两端外径向端面歪曲,外径受轴向拉应力作用,在外径面产生横向开裂,见图3-76。

图 3-76

图 3-77

缺陷名称:锻造过烧

处理状态:镦粗后自然状态

加热过烧的料段镦粗时高度减小,外径增大,使毛坯沿轴向在外径开裂,裂纹处可见因过烧形成的粗大晶粒(图3-77)。

缺陷名称:锻造过烧

处理状态:车工后裸露的过烧孔洞

图3-78所示为毛坯在车工后裸露出过烧的孔洞,孔洞内断口的晶粒粗大,在大孔洞周围,可见车工过程中车应力造成的数量众多的微细裂纹,说明大面积处于过烧状态。

图 3-78

图 3-79

缺陷名称:锻造过烧

处理状态:车工后裸露的过烧孔洞

图 3-79 所示为典型区域过烧特征,在一定区域内过烧孔洞比较分散,在各个方向(径面、台阶)都有裸露。

缺陷名称:锻造过烧

处理状态:淬火状态下的断口

零件破碎后,原开裂部位晶粒粗大并具有氧化色。截面断口为荼状断口,断口上有弱金属光泽的亮点或小平面。穿晶断裂,由于各个晶粒位向不同,这些小平面闪耀着荼晶体般的光泽,见图 3-80。

图 3-80

图 3-81

缺陷名称:锻造过烧

处理状态:退火状态下的断口

在退火状态下过烧产品断口表现为脆性断裂,整个断面比较粗糙,见图3-81。

锻造温度高引起的锻造过烧,造成晶粒粗大,同时在晶粒边界形成孔洞,这在很大程度上降低了材料强度。

缺陷名称:锻造过烧

处理状态:淬火状态下的断口

经淬火后,断面比较细腻。断口中,因锻造过烧产生的孔洞分布在比较细腻的断面上,从外径至内径逐渐加重,见图 3-82。说明内径区域过烧程度比外径区域过烧程度严重。

图 3-82

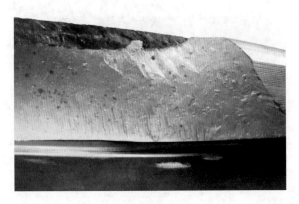

图 3-83

缺陷名称:锻造过烧

处理状态:淬火状态下的断口

图 3-83 所示为零件端面部位大面积过烧的一种状态。

零件在淬火过程中,端面位置已经出现裂纹,破碎后的断口分散着过烧孔洞。

缺陷名称:锻造过烧

处理状态:磨削后的滚道孔洞

在零件磨加工后,孔洞裸露于滚道,在孔洞边沿,沿磨削方向产生拖尾,见图 3-84。

图 3-84

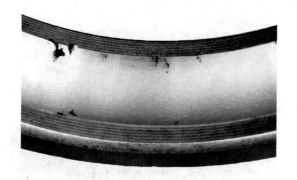

图 3-85

缺陷名称：锻造过烧

处理状态：磨削后的滚道孔洞

图 3-85 所示为在磨削滚道边沿出现的锻造过烧孔洞。

由于锻造过烧形成的孔洞集中在零件的内径边沿，没有深度，零件在磨加工后滚道中心已经不存在。

缺陷名称：锻造过烧

处理状态：磨削后的滚道孔洞

图 3-86 中裸露在滚道的孔洞，多为不规则形状，但以三角形居多，这是因为锻造过烧造成的孔洞，熔化是从晶粒边界开始逐渐扩展的。

图 3-86

图 3-87

缺陷名称：锻造过烧

处理状态：磨削后的滚道孔洞

锻造过烧是以表露在端面过烧孔洞为裂纹源的开裂形态。

裂纹的扩展，是以表面一个孔洞为中心，沿受力方向扩展，扩展痕迹呈现扇形。裂纹扩展到每个过烧孔洞时，都会轻微地改变方向，出现一个细小台阶，见图 3-87。

缺陷名称:锻造过烧

处理状态:感应淬火后断口

由于锻造过烧,导致感应淬火时沿圆周方向出现裂纹。

感应加热淬火层内,因金属重结晶使颗粒细化,心部为原始锻造过烧状态,晶粒粗大,见图3-88。

图 3-88

图 3-89

缺陷名称:料段长径比大

处理状态:镦粗后自然状态

当料段长径比大于2.2时,料段受压力作用,形成两头大中间小的"腰鼓"形,见图3-89。

锻打用锤吨位越小,这种缺陷越明显,但使用大吨位的锻锤或是液压机械,无疑会增大料段心部的开裂倾向。

缺陷名称:加热不足开裂

处理状态:冲孔裂纹的自然状态

保温不足时,心部塑性变形能力差,在冲孔过程中不能满足零件形变要求导致零件从内部开裂,见图3-90。

当料段两端加热温度相差较大时,顶锻时料段两端直径明显不同,在变形小的一端冲孔,也会出现"涨裂"现象。

图 3-90

图 3-91

缺陷名称:加热不足开裂

处理状态:冲孔断面自然状态

图 3-91 所示的断口中无明显的原材料缺陷。裂纹扩展方向显示出裂纹源位置在与冲子接触面上,为线性裂纹源。冲子温度低,导致在接触面上可见金属蠕动形成的层片状痕迹。

缺陷名称:锻造加热不足

处理状态:顶锻后自然状态

料段在炉内加热不均,在锻打时,温度比较高的一端塑性变形大于另一端,致使两端变形不一致而呈现锥形。

由于料段两端变形不同,受变形较大一端变形的影响,变形小的一端心部产生径向拉应力,导致在距端面一定距离的中心位置开裂,见图 3-92。

材料的中心缺陷的存在,加剧了这种裂纹的产生。

图 3-92

图 3-93

缺陷名称:锻造加热不足

处理状态:顶锻后自然状态

图 3-93 是锻造加热不足的另一种表现形式。

由于加热不足的金属塑性变形能力差,顶锻时原料段外径进入端面的很少(参照图 3-1),在毛坯圆周方向产生的拉力很大,导致毛坯沿径向开裂。

缺陷名称：剪切裂纹

处理状态：冲孔后自然状态

料段剪切形成的裂纹在冲孔时扩展，引起端面孔边沿开裂。在毛坯端面裂纹附近，可以观察到原始裂纹的折叠痕迹，见图3-94。

比较轻微的这种缺陷在冲孔时若发现及时，可以通过人工清理的方式，将裂纹清除，一般不会影响使用。

图 3-94

图 3-95

缺陷名称：冲孔裂纹

处理状态：冲孔后自然状态

工件加热不足及冲头温度低时，在冲孔时引发四周裂纹，见图3-95。

裂纹是在冲孔前期形成的，并向外扩展，由于冲子有一定锥度，在冲孔后期挤压裂纹边沿，使裂纹边沿变形。

缺陷名称：倒角裂纹

处理状态：辗环后自然状态

冲头凉，在冲孔时造成冲孔边沿出现很多微细裂纹，或由于毛坯温度降低太多后辗扩造成的，见图3-96。

9Cr18等不锈钢在冲孔时极易在孔边沿形成微细裂纹。

在边沿微细裂纹出现的初期，应该将边沿的微细裂纹用工具"抹"去，避免其进一步扩展，以致在内径角部位置出现比较大的撕裂裂纹。

图 3-96

图 3-97

缺陷名称：倒角裂纹

处理状态：导圆后自然状态

料段加热温度低或导圆操作时间长，料段边角温度降低较大，其塑性变形能力下降，与内部变形能力不匹配，导致外侧金属撕裂，见图 3-97。

温度降低最明显的部位为料段的边角部。

缺陷名称：锻造折裂

处理状态：毛坯自然状态

当料段加热不充分，在镦粗变形最大处出现横向折裂，见图 3-98。此种缺陷大多出现在大圆料的外径面。

在顶锻过程中横裂没有及时被发现，继续锻打时，裂纹愈合，但由于裂纹内部存在氧化不能焊合。

图 3-98

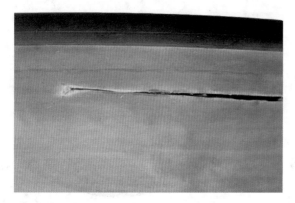

图 3-99

缺陷名称：锻造折裂

处理状态：磨工后硝酸酒精浸蚀状态

图 3-99 所示为成品阶段发现的锻造折裂。套圈外径面，沿圆周方向分布的裂纹，在裂纹内存在大量的氧化物。由于条形裂纹中部深、尾部浅，所以在裂纹尾部脱碳最严重，并以燕尾状出现。

缺陷名称:锻造折裂

处理状态:试样 4‰硝酸酒精浸蚀

由于锻造折裂是在锻造开始阶段形成的,类似于料段上存在原始的裂纹,所以在微观上,与原材料裂纹基本相同,具有脱碳、氧化及裂纹与径面倾斜一定角度等特点,见图 3-100。

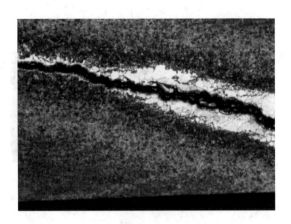

图 3-100

图 3-101

缺陷名称:锻造水炸裂纹

处理状态:车加工时的开裂状态

严重的水炸裂纹贯穿截面并在退火过程中形成了大量氧化皮。与加工内径不同,在车加工外径时,夹具作用于套圈的是张力,并受车削力的作用,零件从裂纹处断裂,见图 3-101。

缺陷名称:锻造水炸裂纹

处理状态:车加工后自然状态

在零件的车加工面,呈现数条水炸裂纹,但都是集中在端面及外径位置(图3-102),这也是锻造水炸裂纹的特点。水炸裂纹在车加工量比较大的位置断开而非连续,说明裂纹深度比较浅。

图 3-102

图 3-103

缺陷名称:锻造水炸裂纹

处理状态:热处理后抛丸处理自然状态

零件经过退火、淬火、回火等热处理工序,锻造水炸裂纹边沿产生严重的脱碳,其硬度远低于正常部位的淬火硬度,抛丸后出现麻坑,色泽也有很大差异,见图 3-103。

缺陷名称:锻造水炸裂纹

处理状态:磨削面 4‰硝酸酒精浸蚀

图 3-104 所示为粗磨后套圈外径严重的水炸裂纹。

比较严重的水炸裂纹在粗磨后经 4‰硝酸酒精浸蚀后显示,裂纹两侧脱碳极严重,色泽为银白色,甚至可见铁素体的晶粒边界。

图 3-104

图 3-105

缺陷名称:锻造水炸裂纹

处理状态:端面 4‰硝酸酒精浸蚀

水炸裂纹出现在套圈端面。同出现在其他位置的水炸裂纹一样,裂纹两侧脱碳严重,见图 3-105。

左侧水炸裂纹出现在端面中心部位,与锻造折叠类似,但两者区别在于锻造水炸裂纹比较窄,脱碳集中在裂纹两侧,裂纹内氧化较轻。

缺陷名称:锻造水炸裂纹

处理状态:磨削面 4％硝酸酒精浸蚀

锻造水炸在比较轻的情况下,在套圈上表现为数量少、长度小,见图 3-106。但水炸裂纹的特征全部具备。

图 3-106

图 3-107

缺陷名称:锻造水炸裂纹

处理状态:磨削面 4％硝酸酒精浸蚀

深度比较浅的水炸裂纹,经过了车削、磨削,大部分已经去除,但裂纹底部的脱碳依然存在,见图 3-107。

水炸裂纹在淬火过程中没有扩展迹象。

缺陷名称:锻造水炸及折叠裂纹

处理状态:磨削面 4％硝酸酒精浸蚀

图 3-108 中锻造折叠和锻造水炸同时存在,对比可见水炸裂纹细窄,边沿脱碳严重,但裂纹内氧化较轻。折叠与之相反,裂纹较宽,裂纹内氧化严重,但脱碳较少。

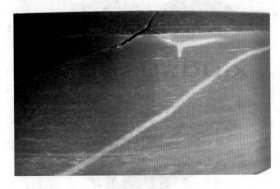

图 3-108

图 3-109

缺陷名称:锻造水炸裂纹

处理状态:4‰硝酸酒精浸蚀

在显微镜下,水炸裂纹两侧基本脱碳且基本由纯铁素体组成。

此试样的纯铁素体,不是一次形成的,而是由柱状晶和等轴晶两部分构成,代表了不同时期的脱碳,见图 3-109。

缺陷名称:冲压欠缺

处理状态:软磨后自然状态

因料长度不足导致的冲压欠缺,多出现在极点。挡料铁(止进销)调节失误,使出料口与挡料铁尺寸小于技术要求。切料长度(下料重量)不足,导致钢球出现未压圆而形成冲压欠缺,见图 3-110。

图 3-110

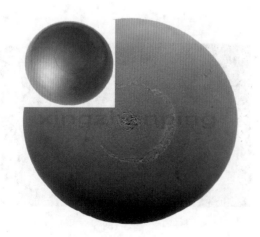

图 3-111

缺陷名称:钢球辗压折叠

处理状态:成品钢球酸洗后外观

钢球是辗压辊加工成型的,在辗压过程中,两辗压辊速度没有达到理想的匹配,在辗压辊中间形成圆弧部分,与棒材中心部分发生旋转,形成折叠,见图 3-111。

经过热酸洗,在钢球极点到缺陷位置的区域,可见金属旋转留下的痕迹。

缺陷名称:钢球辗压折叠

处理状态:钢球解剖后缺陷形态

将钢球切片、浸蚀后,可见缺陷以一定
的角度向钢球内延伸,且达一定的深度。
折叠内存在大量的氧化皮,但两侧脱碳很
轻微,见图 3-112。

图 3-112

图 3-113

缺陷名称:魏氏组织

处理状态:4％硝酸酒精溶液浸蚀

42CrMo 钢(中碳钢)锻造温度高,晶
粒粗大,在锻后冷却时,铁素体沿晶粒边
界析出并以"针"的形态向两侧晶粒内长
大,形成羽毛状魏氏组织,见图 3-113。

在 GCr15 钢中,魏氏组织以针状形
式存在,严重降低了材料强度。

4 车加工缺陷

　　车加工过程是一个金属切削比较直观的过程,金属切削时刀具前刃面的挤压与切削刃的切削,使切屑与工件分离,形成加工面,最终达到技术规定的尺寸,其目的是改变金属零件的几何尺寸和形状,关键的控制项是几何精度和外观质量。

　　在轴承制作过程中,因车加工操作的简单化,一般认为不会造成批量废品而未引起重视,即使出现不严重的尺寸偏差时,也可以通过后续加工工序得到修正。而实际上,因车加工问题导致的废品,多暴露在热处理及热处理后的工序中。

　　图 4-1 为比较简单的螺纹孔加工倒角处产生的缺陷,由于加工不当,在倒角位置出现了众多的微细裂纹。这样的微细裂纹是由金属的挤压和错位形成的,不影响尺寸,并出现在非受力面,在轴承加工过程中很容易被忽视。但在淬火工序及零件使用过程中,微细裂纹会在应力作用下向内扩展,最终导致零件断裂,见图 4-2。这样的事例在生产中经常出现,只是因为出现在热处理阶段或轴承使用阶段而不被车工注意。

图 4-1　螺纹孔倒角微细裂纹

图 4-2　倒角车工缺陷引发的淬火开裂

　　在车加工过程中,也可以依据切屑形状来推断及发现前面工序存在的质量问题。例如,切屑的种类依据其材料的塑性程度主要分带状切屑、节状切屑、粒状切屑及崩碎切屑。在轴承零件的车削过程中,常见的为带状切屑、节状切屑,说明零件的退火质量是比较理想的。如果出现断屑情况,说明切削的轴承零件本身存在裂纹,铁屑在裂纹处断开。所以,重视车加工工序一些非正常现象的产生,有利于产品质量的提高,并减少经济损失。

　　提高利润空间、压缩生产成本,是企业不懈的追求,但不当的成本压缩就会适得其反。图4-3安装孔本应为光孔,但因为使用刀锋已钝的钻头,加工成了不规则的螺纹孔,也属于车加工缺陷的一种。需要增加一道工序来处理此缺陷,反而增加了加工成本并影响了生产效率。

图 4-3　呈螺纹状态的光孔

　　由于冲压成型和轴承打字标示与车加工一样,均属于冷加工工序,在此,一并进行分析。常见的车加工缺陷、产生的原因及预防措施简述如下几节。

4.1　端面凹凸不平

　　车削套圈端面时出现“扎刀”现象,将使端面车痕深浅不一,见图4-4。在成品磨削工序因磨削量不足形成废品。相同的缺陷也会出现在内、外径车加工过程中。

图 4-4　套圈端面车工凹纹

　　造成车痕深浅不一的主要原因是车床相关受力部分不稳定,或零件的卡持力度不足等。所以,车床各受力部分要紧固,不能因受力的变化而出现位移现象。用油、气工作的卡具,要保持油、气压力的稳定,这是解决车工面凹凸不平的主要措施。

滚动体端面车刀痕高低不平,还与车刀的磨削质量有关。主切削刃不平直,产生侧向切削力导致刀具倾斜及刀刃磨损不一致,使切削刃受力不均,刀具刃磨的不合理,两副偏角不对称,产生"扎刀"现象。这些因素导致切下的工件表面凹凸不平。

保证切刀刃的平直、两侧的圆弧对称、两偏角对称,尽量增大刀杆的截面积,缩短刀杆的伸长度,解决排铁削问题,控制切削流向等,可以使滚动体端面凹凸现象得到解决。

4.2　油沟内车工尖角

车工尖角的出现,是因为车工刀具磨制不合理,刀尖部 R 角没有达到要求。车工尖角虽然不会在车工时导致产品开裂,但增加了零件热处理时的开裂倾向,淬火时易出现沿尖角分布的裂纹。在轴承套圈热处理过程中,因车工尖角导致的沿车刀花分布的淬火裂纹是经常发生的。

油沟内车工尖角是危害比较大的一种缺陷,即使存在此缺陷的零件在热处理过程中没有开裂,也会造成挡边强度降低,受外力时易出现掉边现象,最终导致轴承失效。

图 4-5 为同一把车刀使用不同的磨制方式在零件挡边两侧车加工油槽后的对比,左侧油沟形状明显要优于右侧。

图 4-5　油沟形状对比

由于油沟内车工尖角会导致淬火开裂,对此应严格按技术要求,在车刀的拐角处修磨出相应 R 角。

4.3　印字裂纹

以往轴承标志及规格标示,通过钢字头压制形成,因字头尖角易导致淬火开裂,其危害已经被人们认识到。随着科技的发展,逐渐使用印模酸水印字、激光打字、点式打标机等方法代替字头压制。但不同的印字方式总会出现不同的问题:用印模酸水印字,会因各种因素导致标示模糊不清;而点式打标机只适用于无淬火硬度的工件。

激光打字是通过热能加热零件局部金属,使组织发生变化,色泽视觉上有别于正常状态下磨削面而达到"打字"效果的,类似于浅层的激光加热。

激光打字应用到轴承标示的处理上,安排在套圈端面磨加工完成后。图 4-6 为 NNF5028-2ZNRV/C9 轴承激光打字所做的型号标示,在轴承后缀 C9 标示前有一"/",激光打字后,轴承开裂起始于"/"处,裂纹源为与"/"完全相符的线状。

图 4-6　印字不当导致的开裂

图 4-7 为平面抛光浸蚀后,轴承型号中数字"0"在显微镜下局部放大的状态。视场内熔化坑、自冷淬火马氏体、高温回火马氏体及基体组织并存。

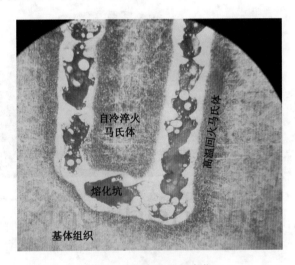

图 4-7　印痕处组织变化

此零件的开裂是由于在激光打字时未采用合理的功率造成的。较大的功率,使钢体迅速加热升温造成加热区局部金属的熔化,并因自冷产生了严重的二次淬火效果,所以字划由不易浸蚀呈现亮白色的马氏体组织及熔化坑构成。字划侧部为高温回火层,因易于浸蚀呈现为黑色,其他部分为正常的淬火马氏体组织。

局部金属熔化后,在自冷过程中形成了很大的拉应力,并以熔化产生的微细疤痕为裂纹源形成开裂。

4.4　硬车裂纹

很多人认为,车工不可能车出裂纹,这样的认知存在一定的误区。实际生产中,硬车加工方法不当,也可以车出裂纹,同时给后面的工序带来隐患。

随着车床精度的提高和对高性能刀具的研究,以车代磨已经应用到轴承生产中。以车代磨技术的应用,提高了加工效率,降低了加工成本,可用于加工精度要求不太高的工作面。同时,对于热处理后有高硬度的产品,也可以通过硬车去除加工余量或达到改变几何形状的目的。

硬车进给量要明显小于普通车工的进给量,但产生的热量要明显高于普通车工产生的热量,从铁屑色泽就可以看到有明显的差异,当车刀不锋利时最为明显。

金属硬度提高以后,其强度有很大的提高,但变形能力降低。在车加工过程中,硬车不当时,正在车削部位带给相邻已车削部位的拉力很大,会产生微细裂纹。车刀的挤压及温度上升使组织发生转变,产生组织应力,虽然因温度高,类似于自回火能消除一部分,但总会有应力残留。在硬车后放置过程中,微细裂纹扩展形成宏观裂纹。

硬车后,当出现诱因时,比如硬车后的磷化处理,就提高了开裂倾向,加速了裂纹的形成和扩展。

图 4-8 为硬车倒角后在倒角部位出现的裂纹。从断口看,裂纹沿倒角弧面分布,深度基本一致,裂纹形态与磨加工裂纹一致,但不具备磨加工烧伤、磨加工二次淬火等特征。

图 4-8　硬车倒角产生的裂纹形态

硬车时保持车刀刀尖锋利,严格控制合理的进给量,采用合理的切削速度,是避免硬车裂纹出现的有效措施。

4.5　抽　　芯

抽芯主要出现在滚动体切断时端面的中心位置,是由于切离刀具安装不合理造成的,刀刃在车削时没有对准主轴轴线,或高或低,使最后的中心位置金属没有被切到而保留,形成金属连接轴。在后期掰断时,一侧端面中心位置出现形状不规则、深度不一致的凹坑,当局部深度超出磨加工留量时保留到成品状态。

增加切离刀刀杆强度,受力时不出现"低头"现象;在刀具安装时,刀刃对准主轴轴线,最后切离时两滚动体自然分离,就不会出现抽芯现象。

图 4-9 显示了车工两滚动体分离时,凸、凹两部分形貌。小图中滚动体倒角在热处理前未经过处理,也属于车工缺陷的一种,极易导致滚动体在淬火时开裂。

图 4-9　滚动体抽芯磨削后残留坑

4.6　车工与磨工 R 不符合

带有弧度要求的零件,车工造型一定要准确,保证车工 R 与成品要求一致、各位置留量均匀,便于磨削加工。

工艺系统的稳定性同样会影响到车加工质量,所以平时应注意设备的维护保养及合理选择工装器具。

普通车床车制球面滚动体,其弧度造型所用工具一般都使用靠模板、仿形架等,选择的靠模板不合适、仿形架强度不足、仿形半径调整不当等因素,都可能造成车加工的零件弧度出现错误,其 R 与成品要求不符。

数控车床的应用,采用程序加工,程序应用不发生错误,可以更好地保证外形尺寸和形状,但程序错误时,形成的缺陷往往是批量的,因此首件的检验尤为重要。

切削加工时,由机床、刀具、夹具和工件组成的工艺系统,在切削力、加紧力以及重力等的作用下,将产生相应的变形,使刀具和工件在静态下调整好的相互位置以及切削成形所需要的正确几何关系发生变化,造成加工误差。机械加工中,受切削热、摩擦热、环境温度和辐射热的影响将产生变形,使工件和刀具间的正确相对位置遭到破坏,造成加工误差。所以加工过程的抽检必不可少。

图 4-10 为球面滚动体在磨加工时,因车工 R 大,导致磨削滚动体两侧磨糊的现象。冲压滚动体的软磨不当也会出现此类问题。

图 4-10　车工滚动体 R 与成品要求不符

4.7   零件表面车工震纹

在零件的车工面上,因车刀颤动沿车工的轴向分布高低不同的波浪纹,一般称之为震纹。一般的车工震纹,在磨加工后都可以消除,但非磨削面上的震纹就会保留到成品状态。

图 4-11 为套圈倒角在砂纸打磨后震纹的表现形式。震纹高低不同的部位打磨的程度不同,高处为白亮色,低处依旧保留了热处理时形成的淬火色。倒角高低不同,导致端面的外圆为不规则形状。

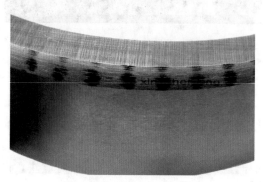

图 4-11   套圈倒角存在的震纹

车加工过程中车刀颤动的一些因素都可以导致车工产生震纹,比如主轴、刀架松动、跳动大,刀具不锋利,刀具中心太高,车削时进给量大切屑太厚,刀头伸出夹刀器太长、刚性不好等。所以,对于设备要做到经常保养维护,保持刀刃锋利,并注意车加工的进刀量不宜过大。

4.8   冲压折叠、开裂

冲压是制造钢球、滚子的一道关键工序。在由棒材剪切为料段的过程中,如果切料胎模的孔径过大或切料刀钝化、切料胎模与切料刀之间的间隙过大都有可能造成钢球或滚子表面缺陷使之报废。冲压时切料端面不整齐,带有毛刺,用这种锻料冲压钢球或滚子毛坯,会把毛刺压入形成折叠。料段端面不整齐,在冲压成滚动体后,缺陷进入滚动体穴窝,折叠裂纹呈不规则形状,热处理后的折叠裂纹两侧有脱碳,见图 4-12。

部分冲压后的圆锥滚子,在冲压穴窝边沿开裂,裂纹开裂方向与切料方向相同,见图 4-13,主要原因为料段端面因剪切刀钝造成变形严重,呈椭圆状态,见图 4-14。在滚动体冲压成型时,形变的大小与椭圆长短轴比例有关,料段椭圆短轴部位需要发生的形变最大。形变超过材料本身允许的范围时,导致开裂。

解决此类问题,首先是要考虑到材料冷拉后的去应力退火;或是增加下料料段的直径,减少压缩比和变形比;另外将穴窝尺寸减小,也可以起到减小变形比、减少裂纹出现的作用。

同很多结构件成型一样,利用钢板的延展性进行冲压加工,是保持架生产的一种方式。冲压是使钢板变形的过程,要考虑钢板的延伸率即变形能力。在延伸率允许的情况下,采用最大的变形量,可以减少冲压次数、减少磨具数量、提高生产效率。但钢板延伸率不足或一次冲压量大,极易导致冲压件开裂。

图 4-12　滚动体穴窝内冲压折叠残留

图 4-13　滚动体大端面裂纹

图 4-15 为一次冲压量大导致的拉裂,裂纹源于变形最大的杯底拐角处。

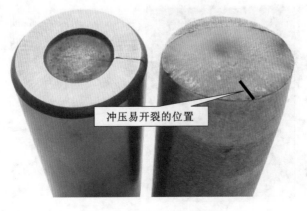

图 4-14　料段端面剪切变形

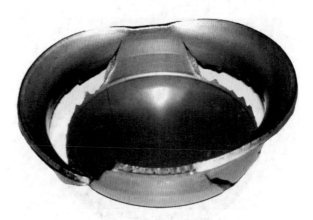

图 4-15　保持架冲压开裂

4.9　材料使用不当

图 4-16　保持架铆钉开裂

任何材料都有固定的特性,有一定的性能范围,在使用中应充分考虑其性能的差异。只有合理使用材料,才能够充分发挥材料性能。在设计方面尤其应该重视材料选用,采购部门应严格按技术要求采购相应材料。

图 4-16 为保持架铆钉,应该使用退火材,但由于采购错误,使用的是热轧材。与退火材相比,热轧材强度高、延展性差,在铆钉车制倒角时已经形成很多微细裂纹,并在铆压时扩展。

4.10　典型车加工缺陷图例

图 4-17

缺陷名称:油沟淬火裂纹

处理状态:断口自然状态

零件淬火后在油沟处出现多点微细裂纹的状态。

由于车刀尖角不符合工艺要求,导致在热处理时,零件在油沟车刀尖角处开裂。断面的色泽为黄色、蓝色,说明裂纹出现在回火前,见图 4-17。

缺陷名称:油沟裂纹

处理状态:断口自然状态

在油沟处,沿车刀尖角形成单条、直线型裂纹。断口上可见边沿的一次性裂纹,见图 4-18。

套圈虽然是在淬火过程中开裂的,但开裂原因为车加工缺陷。

图 4-18

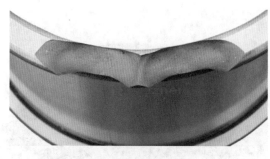

图 4-19

缺陷名称:档边碎裂

处理状态:断口自然状态

套圈的油沟车工尖角在热处理过程中未引起淬火裂纹,但易造成应力集中。在轴承安装方法不当,受力滚动体一端撞击小档边的情况下,极易造成档边碎裂而掉边,见图 4-19。

缺陷名称:凹穴车工尖角裂纹

处理状态:淬火自然状态

车工穴窝边沿开裂并向外延伸,见图 4-20。

在滚动体凹穴车加工时,由于车刀尖锐,在穴窝边沿形成尖锐的拐角,淬火时造成应力集中,形成淬火裂纹。

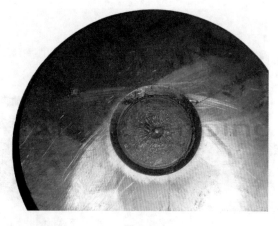

图 4-20

图 4-21

缺陷名称:硬车倒角应力裂纹

处理状态:磷化后荧光探伤

硬车倒角在车削面上会产生很大的拉应力,产生垂直于车加工方向的微细裂纹。

由于裂纹细小,只有在探伤状态下才会发现,见图 4-21。

缺陷名称:硬车倒角应力裂纹

处理状态:断口自然状态

硬车形成的裂纹底部尖锐,套圈受力时极易以微细裂纹为裂纹源开裂,见图 4-22。

从断口看,裂纹沿倒角弧面分布,深度基本一致,裂纹形态上与磨加工裂纹一致,但不具备磨加工烧伤、磨加工二次淬火等特征。

图 4-22

图 4-23

缺陷名称:硬车烧伤及裂纹

处理状态:车工面自然状态

沟道已感应加热淬火工件,在车加工内径时车刀碎裂失去车削能力,在工件内径滑动形成硬车烧伤,见图 4-23。

滑动摩擦产生的温度引发工件局部高温回火而发生色泽变化,在滑动面产生多条微细裂纹。

缺陷名称：切料凹陷

处理状态：小端面自然状态

压力机切料时，由于刀具原因，料段断口不平整，冲压后在滚动体小头产生凹坑，因幅高不足导致凹坑残留形成废品见图4-24。

图 4-24

图 4-25

缺陷名称：切料撕裂痕

处理状态：小端面自然状态

切料料段断口出现的撕裂，在冲压后保留在滚动体小头端面，见图4-25。

带有这种缺陷的滚动体，小头磨加工余量是能否使痕迹残留、是否构成废品的关键。

缺陷名称：切料撕裂痕

处理状态：冲压后大头自然状态

切料料段断口出现的撕裂，在冲压后保留在滚动体大头端面，见图4-26。

轻微的折痕在冲压完成后，在变形比较小的端面表现得比较明显，而在变形大的凹坑内，痕迹比较模糊。

图 4-26

图 4-27

缺陷名称：一次变形量大产生的裂纹

处理状态：滚动体冲压成型自然状态

圆锥滚子冲压，在选择材料时，料径要小于滚子大头尺寸，才能得到很好的成型效果。

当选用冷拉后不退火材料时，由于滚子大头部位在成型过程中变形量大，会导致端面在穴窝到外径间出现因涨裂造成的单条的纵向裂纹，见图 4-27。

缺陷名称：一次变形量大产生的裂纹

处理状态：磨削后自然状态

图 4-28 所示的裂纹具有如下特征：

①当材料内应力比较大时，裂纹甚至扩展到滚动体外径。

②端面存在冲压形成的细小裂纹，在热处理过程中延伸到滚动体表面。

在热处理后存在此种裂纹的滚动体，可以通过观察断口区分裂纹形成时间，也可以通过检验裂纹边沿脱碳确定裂纹形成时间。

图 4-28

图 4-29

缺陷名称：切料折痕

处理状态：滚动体端面自然状态

因上下剪料板间距不稳定，使料段后期分离部分出现"掰"断现象，在端面形成裂纹，见图 4-29。裂纹比较深时保留到成品阶段而使产品报废。

缺陷名称:切料折裂

处理状态:滚动体端面硝酸酒精浸蚀后状态

对于大圆滚动体,下料时采用无齿锯切割,后通过锤击震断形成裂纹,裂纹沿垂直于端面的方向延伸,在磨加工后保留在端面,见图 4-30。

裂纹两侧脱碳严重,是因为料段截取后经过了退火和淬火两个热处理工序造成的。

图 4-30

图 4-31

缺陷名称:切料缺肉

处理状态:滚动体端面硝酸酒精浸蚀后状态

对于大圆滚动体,下料时采用无齿锯切割,后通过锤击震裂,料段不完全沿切割面延伸而发生倾斜、弯曲,导致滚动体端面倒角部位"缺肉",见图 4-31。在欠缺部分,可见裂纹扩展时留下的扩展痕迹。

冲压形成的滚动体因切料料段尺寸不足,也会出现"缺肉"现象。

缺陷名称:冲压撕裂

处理状态:兜孔内冲压后状态

由于冲压刀具安装不当、切刀与底模间距调整不当,导致一侧游隙大,使保持架兜孔在同一位置出现冲压撕裂,见图 4-32。

图 4-32

图 4-33

缺陷名称:冲压开裂

处理状态:保持架冲压自然状态

冲压时在轴承外圈外弯角处形成的细小裂纹,见图 4-33。

在冲压成型前通过软化退火处理,可以消除前道工序产生的加工硬化、恢复材料的延展性,有效避免一次弯曲成型时因弯曲角度过大产生裂纹。

缺陷名称:车工 R 大

处理状态:粗磨后状态

滚动体一端出现磨削裂纹,见图 4-34。

由于滚动体球面 R 大,与砂轮弧度不符,在使用切入磨时,砂轮首先接触到滚子两端,造成滚动体一端或两端磨伤。经过探伤检验,在磨削烧伤位置产生磨加工裂纹。

图 4-34

图 4-35

缺陷名称:软磨 R 大

处理状态:粗磨后状态

冲压滚动体软磨 R 比较大,在热处理后的粗磨工序,中心位置产生凹陷(图 4-35),极易产生凹陷废品,以及磨加工留量不足,热处理脱碳保留到成品,造成废品。

缺陷名称:软磨 R 偏移

处理状态:热处理后粗磨状态

软磨与热处理后粗磨的圆弧中心位置不同,导致粗磨后在滚动体一头出现磨不到或磨量不足的情况,见图 4-36。

图 4-36

图 4-37

缺陷名称:车工挖刀

处理状态:滚动体粗磨状态

由于车刀固定不稳定或车刀臂长、车床主轴游隙大、夹持不牢固等原因,滚动体局部车削量大,造成磨加工后"缺肉"报废,见图 4-37。

缺陷名称:车工挖刀

处理状态:套圈成品状态

图 4-38 所示为出现在套圈内径的车加工挖刀凹坑。条形凹坑内存在有明显的车刀纹,说明凹坑非车刀损坏造成的。其原因同图4-37。

图 4-38

图 4-39

缺陷名称：倒角漏车

处理状态：成品状态

　图 4-39 所示的倒角漏车是车工粗心大意的一种结果。虽然这样的缺陷可以通过硬车得到解决，但严格来说，也是一种车加工废品，可以按报废后挽救处理。

缺陷名称：退刀划伤

处理状态：热处理状态

　加工完成后，产生了退刀划痕，见图4-40。

　退刀痕迹深度小于磨加工留量时，一般不会存在废品，但对于半自动车床，在进给没有停止的情况下退刀，退刀痕迹会比较深。

图 4-40

起始点

碎刀点

图 4-41

缺陷名称：外径车工划痕

处理状态：外径粗磨状态

　图 4-41 的照片中心位置是一周刀痕的开始和起始位置。在起始点，车削进给量激增，在工件表面形成严重划伤，因车刀承受负荷过重，最终车刀碎裂，出现撅刀现象，工件表面产生一个凹坑。

缺陷名称:外沟车工切痕

处理状态:外沟粗磨状态

图 4-42 所示为球面轴承外沟成型刀加工时,刀具断裂导致的车加工废品。

成型刀断裂的瞬间,刀刃外翻,切入零件内而形成整体的切痕。

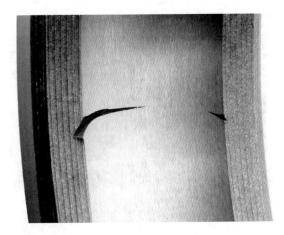

图 4-42

图 4-43

缺陷名称:内径车工划痕

处理状态:内径粗磨状态

车床主轴游隙大或是车刀颤动的问题导致在车削内径时出现车痕深浅不一。

图 4-43 中深度车痕无规律分布,说明并非共振导致的缺陷,应属于刀架稳定性或主轴问题。

缺陷名称:内径车工扎刀

处理状态:内径粗磨状态

车刀极有规律地颤动,在套圈上形成的车痕深浅一致,间隙和形状基本相同。用放大镜观察车痕底部,车痕底部的纹路基本一致,见图 4-44。

可以通过观察车痕底部保留的热处理淬火后色泽,确定热处理淬火方式。

图 4-44

图 4-45

缺陷名称:档边车削振纹

处理状态:滚动体端面与档边摩擦痕迹

挡边带有震纹,由于轴承在档边非磨削状态下使用,滚动体端面与档边摩擦使震纹非常明显,见图 4-45。

震纹的存在,会导致轴承运转过程中滚动体出现轻微窜动,出现噪声或档边断裂。

缺陷名称:外径划伤

处理状态:外径划伤后自然状态

图 4-46 所示为卡爪导致的划伤。由于卡爪夹持力不足,在加工内径或端面时,套圈与卡盘产生位移,卡爪划伤工件表面。

套圈出现卡爪划伤时,往往伴随着车刀划伤或车刀碎裂。

图 4-46

图 4-47

缺陷名称:外径划伤

处理状态:外径划伤后自然状态

与图 4-46 同为卡爪导致的划伤,图 4-47 呈现等宽且等深的震纹状凹坑,呈一定角度分布在套圈大档边上,凹坑底部无严重的氧化皮,为淬火色泽,周围存在轻微脱碳,是套圈脱离卡爪时形成的震动伤。

缺陷名称:印字偏离

处理状态:端面磨削后自然状态

工件没有在正确位置放置时机床下压,印字模压在零件内倒角处形成印字废品,见图4-48。不论是定位没有调整好还是冲压时机不当,都属于操作不当导致的废品。

图 4-48

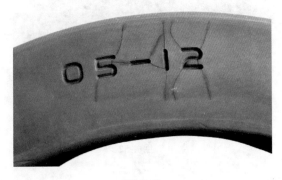

图 4-49

缺陷名称:印字缺陷

处理状态:淬火后自然状态

图4-49为尖锐的印模导致的淬火开裂。印痕尖角使零件在淬火时造成应力集中导致在印痕位置开裂,特别是新的印模应在钝化后使用。

缺陷名称:印字缺陷

处理状态:档边受力碎裂状态

套圈档边受冲击力时,以字母Z上横为裂纹源开裂,见图4-50。

Z字头尖锐,虽未引起淬火裂纹,但应力集中特性依旧存在,零件受外力时易引起开裂。

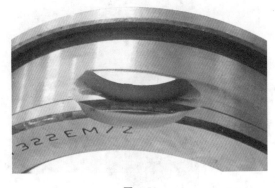

图 4-50

图 4-51

缺陷名称:印字缺陷

处理状态:端面磨削后状态

由于机床冲压下限位调整不当,冲程过大,磨具面到平台距离小于零件幅高,造成印字周围基体下沉,留量不足,形成废品,见图 4-51。

缺陷名称:异金属夹杂

处理状态:4%硝酸酒精深度浸蚀

车工误操作造成工件倒角尺寸不足,为逃避责任或挽救废品,多车部位采用焊接方式填充。

由于焊接水平差,焊层内部出现孔洞,并由于焊条成分与工件成分不同,在零件浸蚀后表现出的色泽不同,见图 4-52。

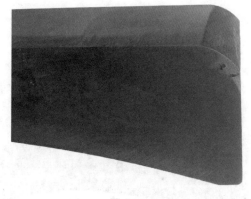

图 4-52

图 4-53

缺陷名称:铣齿震纹

处理状态:齿面机加工后自然状态

齿面作为热处理前的终铣,因进给量大导致出现震纹,光线下,出现不规则花斑,触摸可感觉到凹凸不平,见图 4-53。

当进给量大时,工件与铣刀间发生颤动,铣刀与工件的相对速度不断发生变化;同时施加在齿面的挤压力不同,导致了齿面色泽不同及凹凸不平。

在铣刀不锋利的情况下,即使进给量不大,也会产生这样的缺陷。

缺陷名称:齿面变形

处理状态:热处理后精铣状态

在热处理后精铣,可见齿面中心凹陷且上下凹陷程度有一定差别,相邻齿面齿顶凸出等,种种变形方式都说明齿面不符合技术要求,见图 4-54。

齿加工进给量大,不仅导致齿面色泽不同及凹凸不平,同时导致齿面变形,变形的方式和变形大小也不相同。齿面变形还与热处理因素有关。

图 4-54

热处理缺陷

热处理,即经过加热和冷却,使零件获得适应工作条件需要的使用性能,达到充分发挥材料潜力、提高成品质量、延长使用寿命的目的。

由于热处理是改变材料内部微观组织结构,达到零件宏观性能要求的特种工序,是微观组织和综合性能的改变,所以热处理缺陷大部分是微观的,带有一定的隐蔽性,只有达到一定程度时才表现为宏观的。这就给热处理缺陷的检验和发现带来了困难。另一方面,热处理属于批量连续生产,一旦发生热处理缺陷,涉及的范围比较大,所以危害较大。

热处理缺陷是多种多样的,是受诸多因素影响而产生的,但概括起来可以分为热处理前、热处理过程中两个时间段各方面的因素,主要与设备状态、工艺、操作、冷却方法及冷却介质稳定性相关,同时与设计、机加工、材料、锻造等有关。所以在热处理阶段表现出的缺陷,责任并不一定全部在热处理过程,有些缺陷是前工序质量问题的暴露。比如车加工尖角引起的淬火裂纹,按废品判定原则责任属于机加工。同样,零件设计中可能因选材不当、热处理技术要求不当、尺寸急剧变化、锐角过渡、打印标记处应力集中等不合理设计或不合理的机加工,导致热处理开裂。所以,一般工艺规程中,会对零件热处理前进行相应的要求。

热处理缺陷中最危险的是裂纹,属于不可挽救的缺陷,只能报废处理,如果漏检带到使用中去,在外力作用下裂纹很容易扩展引起突然断裂,导致轴承失效,甚至造成停机事故,所以热处理生产中要注意避免产生裂纹并严格检查。

5.1 热处理淬火前质量控制

钢材质量、锻造质量、退火质量、车工质量对热处理淬火质量有直接的影响,因这些质量缺陷存在一定的隐蔽性,可以称其为隐形缺陷,因各种隐形缺陷导致的热处理废品很多,所以,必须对热处理前各工序进行质量控制。

5.1.1 正火

正火又称常化,是将工件加热至 Ac_3(Ac_3 是指加热时自由铁素体全部转变为奥氏体的终了温度)或 Acm(Acm 是实际加热中过共析钢完全奥氏体化的临界温度线)以上 30~50℃,保温一段时间后,从炉中取出在空气中或喷水、喷雾或吹风冷却的金属热处理工艺。其目的在于使晶粒细化和碳化物分布均匀化,避免形成网状碳化物。

正火与退火的不同点是加热温度、冷却方式、产品内部组织均不同。正火冷却速度比退火冷却速度稍快,因而正火组织要比退火组织更细一些,其机械性能也有所提高。另外,正火炉外冷却不占用设备,生产率较高。因此,对于低碳钢,生产中尽可能采用正火来代替退火。

正火后的组织:亚共析钢为 F+P,共析钢为 P,过共析钢为 P+不连续的二次渗碳体。

正火用于工具钢、轴承钢等,可以消降或抑制网状碳化物的形成,从而得到球化退火所需的良好组织。

5.1.2　退火

退火是一种金属热处理工艺,指的是将金属缓慢加热到一定温度,保持足够时间,然后以适宜速度冷却,目的是降低硬度、改善切削加工性、消除残余应力、稳定尺寸、减少变形与裂纹倾向,可概括为以下三类。

①降低钢的硬度,消除冷加工硬化,改善钢的性能,恢复钢的塑性变形能力。

②消除钢中的残余内应力,稳定组织,防止变形。

③均匀钢的组织和化学成分。

退火工艺随目的的不同而有多种,如等温退火、均匀化退火、球化退火、去除应力退火、再结晶退火等。

对于普通轴承零件,加热速度没有严格的要求,但对于大壁厚零件,即使在退火加热时,也需考虑装炉方式及升温速度,避免加热过程中零件内外温度差产生的应力导致零件开裂。

退火过程中,人们最容易忽略的问题是零件在保温完成后的冷却及出炉后的冷却,特别是出炉后的冷却。冷却过程虽然不会引起组织变化,但冷却不当会导致应力的产生,引起变形和硬度不均等,这种变形趋势和硬度不均,会影响到以后的车工及热处理工序。

5.1.3　去除污物

准备热处理的轴承零件,表面不允许有锈蚀、油污、异物附着及未车去的氧化皮等。这些污物的存在,会阻碍淬火介质与工件的热交换,极易导致淬火软点的出现,同时污染淬火介质,甚至腐蚀零件,在零件表层产生腐蚀坑。

5.1.4　孔洞及尖角处理

为了使用目的或工艺目的,时常在一些轴承零件上加工出一定数量的孔洞。由于钻床加工的孔洞直径较小,其内壁粗糙并存在很多微细裂纹。存在这类缺陷的孔洞,在热处理淬火时极易造成微细裂纹的延伸,即以机加工微细裂纹作为开裂的裂纹源,导致零件开裂报废。所以需要对孔洞进行处理,特别是孔洞边沿,需要和其他倒角做相同处理,按工艺要求加工成一定的工艺安全角,避免尖角效应导致淬火开裂。

热处理过程中,有许多不同类型的淬火裂纹,是以宏观冶金缺陷和几何尖角油沟为裂纹源,在热处理内应力作用下形成的,所以不论是外、内径车削还是油沟车削,车工刀具尖角必须要满足一定的 R 要求。

在工件的倒角处理上,一般技术文件中有明确的规定。淬火过程中,在倒角边沿沿圆周方向极易出现裂纹,淬火液冷却能力越大,开裂倾向越大。

5.2　热处理过程的质量影响因素

热处理工艺制定得是否合理是热处理的关键,但除去热处理工艺的正确性外,还需注意以下几个方面的问题。

5.2.1　淬火介质

选定理想的淬火介质和采用合理的冷却方式,对于获得理想的淬火组织、硬度,减少变形和套圈的开裂都具有十分重要的意义。

图 5-1 是钢的 C 曲线与理想状态的淬火介质冷却曲线,是选择淬火介质的依据。介质在高温区冷却能力较大,在钢的珠光体和贝氏体转变区转变的"鼻尖"右侧滑过,使零件在温度降低的过程中不发生珠光体和贝氏体转变,在零件表面温度接近马氏体转变的 Ms 线时,介质的冷却能力又变得缓慢,这样既保证了淬火组织要求,又减小了组织转变应力,防止了淬火变形开裂。

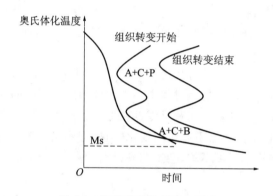

图 5-1　钢的临界冷却速度要求

(1)油基淬火液

对于淬火介质,根据加工的零件特点,经选择后,其稳定性是影响热处理质量的关键因素,所以在相关标准中,规定了油品变化指标,并在生产过程中规定好检验周期。目前油基淬火液属于普遍使用的淬火液,简称淬火油。市面上的各种淬火油都是机械油与添加剂勾兑而成,但由于每个企业勾兑的过程不同,选取的基础油和添加剂不同,而把淬火油分为了多种类型,并在质量、稳定性上参差不齐。

同一淬火介质虽然在标准检测时是一个确定的冷却性能,但在实际中可以通过调整介质温度和流动速度达到调整冷却能力的目的。比如,淬火油温度升高,冷却能力增强。采用旋转淬火机淬火和钩串淬火也是利用零件与介质的相互流动性调整介质对零件的冷却能力的,通过增加流动性即增加热量的传递速度,使冷却能力升高,同时也可以防止介质局部温度上升,从而提高了介质的稳定性和安全性。

在零件加工过程中,由于同一个油槽加工的产品可能是多种类的,并且钢种不同,同一钢种因化学成分的偏差造成不同,甚至同一批次材料加工的产品加热时温度不同等,造成钢在加热保温后的 C 曲线位置不同,并且有较大的差异。在一些较大的企业,可以有多台设备及淬火油槽,还有根据实际加工的产品类型、尺寸选择不同的淬火介质,如分级淬火介质、等温淬火介质、普通淬火介质、快速淬火介质等。但在较小的企业,淬火油槽往往就是一个,并且要求各种类型的产品尽可能都加工,在这种情况下,就要调整工件的加热温度和保温时间,实际就是调整钢加热后的 C 曲线位置,以适应淬火介质的性能。

热处理工艺是根据设备能力、工件特点及淬火介质冷却性能制定的,并且轻易不去改变。

但一些淬火介质在使用过程中，随着添加剂的消耗、油品老化等，冷却性能变化很快，导致热处理零件出现淬火裂纹或淬火硬度不足及软点等。发现这种情况应综合分析，对淬火介质及时进行调整或更换。

（2）盐浴淬火液

随着热处理技术不断提高，盐浴等温及盐浴淬火越来越普遍，有效地改善了热处理组织、提高了有效淬硬层深度、扩大了一些钢种的使用范围，但同时由于认知的误区，导致热处理后零件质量没有得到有效的提高，甚至下降。

对于贝氏体等温处理和盐浴马氏体淬火，针对不同的零件钢种和厚度，通常会在溶盐中加入一定的水从而改变其冷却能力，但当水含量太高时候，势必会增加热处理后零件的脆性，工件内应力很大。这也是用溶盐做淬火剂的热处理零件，在组织和硬度合格的情况下寿命低、易发生脆断的原因。但零件的脆性，可以从断口观察，所以盐浴热处理后的检验项目必须是组织、硬度和断口三个，缺一不可。

（3）水基淬火液

PAG 淬火剂是由一种液态的有机聚合物和抑制剂组成的水溶性溶液，完全溶于水，形成均质溶液。在温度超过 74℃（逆溶点）时，聚合物会从水中析出，在工件表面形成一层不溶解的相，克服了水冷速度快易使工件开裂的问题，当工件表面温度低于 74℃ 时，形成的不溶解相又溶于水。

水基淬火液是由 PAG 淬火剂勾兑而成的，多用于大型工件的调质和感应淬火时使用。不同的浓度具有不同的冷却性能，不同的供应商提供的 PAG 淬火剂对于使用浓度有不同的规范，应严格控制使用浓度和使用温度。

淬火液在使用过程中，尽量避免油品进入，否则会导致淬火液变质，变质后的淬火液色泽变黑，有恶臭味道。

5.2.2　设备保证及操作人员素质

任何工艺的执行都离不开设备的正常运行，否则质量不会得到保证。道理很简单，说起来人人都懂，但在实际工作中，因为常用廉价无保证的设备、配件、日常消耗品导致的批量废品比比皆是。比如，在工作过程中，一只廉价的热电偶损坏就会导致一炉甚至更多的产品报废。

图 5-2 为感应加热淬火工件软带两侧热影响区的差别，起始位置和结束位置的端面明显温度不同，属于设备不稳定，在只有一个 X 轴方向跟踪功能的设备上，可以控制感应器间隙，但不能控制 Z 轴方向感应器偏移。在加工过程中感应器出现偏移时，沟道一侧加热温度发生变化，经传导，使端面温度不同。工件在回火后检验，起始位置和结束位置的沟道同侧弧面硬度、硬化层深度会存在一定的差别。

一个好的热处理操作者，不单单能按工艺完成产品的加工，还应该具备一定的热处理知识，还要了解设备及仪器仪表、工装器具等，并能及时处理突发事情。

在热处理加工前，需检查设备的完整性和可操作性、各种仪器仪表是否正常运行。这些内容，在操作作业指导书中应完全展示出来，指导热处理操作者进行工作。

一些企业为减少消耗，零件在热处理后不进行解剖检验，而采用手提显微镜检验表面组织来判定零件是否合格，存在较大的风险性。例如，在四区控制的连续炉加工产品过程中，倒数第二区热电偶控温不准确，热处理后检验的组织和硬度，并不能代表工件的实际情况。

图 5-2　设备不稳定导致的加热偏差

5.2.3　工艺水平

　　工艺是加工产品流程及参数达到的标准及检验方法的总称。合理的工艺也是加工合格产品的基础。工艺的制定要考虑设备、工件形状、操作水平、淬火介质等诸多因素,对于特殊产品,要考虑加热方式还需要考虑冷却方式、工件的摆放方式、是否需要预冷等等。

　　同一产品在不同企业,因设备能力、精度不同,操作者水平及熟练程度不同,加工工艺是不同的,甚至在同一企业的不同时期工艺也会不同。所以,工艺并不具备唯一性,也没有好坏之分。在根据本企业生产能力,考虑能耗、效率的基础上,加工出合格产品的工艺就属于合理的工艺。

　　如图 5-3 所示工件相互间摆放的间隙小(热处理工艺要素之一),在淬火时淬火液在间隙处流动方向发生变化,形成色泽差,说明工件的表面冷却能力不同,导致工件的变形或局部软点。对于保护性气氛加热设备,工件在加热过程中也会出现这样的痕迹。

图 5-3　工件表面色泽差

5.3　普通热处理缺陷

5.3.1　氧化及脱碳

　　零件在高温下与氧化性气氛或含氧的熔盐接触,零件表层与氧亲和力较大的元素都要和氧发生反应,在零件表面生产氧化皮,称为氧化。同时在零件表层一定深度内的碳将降低到正常含碳量以下,称为脱碳。

氧化和脱碳会导致零件淬火硬度降低,将增加磨加工的困难、增加钢材损耗和砂轮消耗,且容易形成烧伤和裂纹;同时也会使零件因留磨量丧失而报废,不利于压缩磨工留量。脱碳容易引起淬火裂纹、软点等淬火缺陷。当脱碳深度超过研磨留量而保留在成品零件上时,表层耐磨性和疲劳性就降低。

(1)检查方法

检查脱、贫碳层常用酸洗法、金相法和剥层分析法。锻造、退火脱碳严重,车加工时未能完全车去而保留到淬火工序的,其酸洗特征是工件表面局部呈致密的银白色,白色周围有黑色的基底,黑色之外的表面为均匀暗灰色。银白色区域为脱碳层的铁素体,白色层下黑色为屈氏体较多的部位。

(2)典型形态

脱碳层在金相显微镜下的典型形态是:外层是白亮的铁素体,之下是贫碳层。贫碳层中碳化物颗粒很少或没有,贫碳层靠外部分因冷却条件好,可以完全淬火而出现薄薄一层低碳马氏体,呈针状,硬度低。低碳马氏体之下的贫碳部分由于其临界冷却速度增大,往往因冷却不足而出现屈氏体。屈氏体层向内碳化物逐渐增多,过渡到正常组织区域。

零件表面淬火之前存在的脱、贫碳,在淬火加热时,会导致脱碳层急剧加深,脱碳层深度并不是原始脱碳和淬火加热脱碳之和这样简单的算术关系。

(3)防治方法

防止严重的氧化和脱碳,要尽可能压低淬火加热温度和合理缩短保温时间;淬火前将工件表面清洗干净;尽可能避免出现淬火软点而多次淬火;空气炉增加炉膛密封性,盐炉定期化验盐浴成分,严格执行脱氧规程;缩短出炉到进淬火剂之间的时间。

防止氧化脱碳最有效的方法是在保护气氛中加热工件,密闭淬火。目前用作热处理时做保护气氛的有发生炉煤气、天然气、分解氨、酒精分裂气、氮气等等。

零件在普通空气炉热处理,在零件表面防止氧化脱碳涂料是有效的方法,如水硼砂、酒精硼砂、水溶性金属防护剂等。

淬火后零件表面的脱碳凭肉眼是观察不出来的,但在检查零件硬度的时候就能发现,往往是在磨去表层一定深度后才能反映真实的硬度值。在用锉刀检查零件时(施加的力量约3kg左右),开始总是发软,很容易在零件表面形成一个挫坑,到达一定深度后开始有打滑的感觉。当出现这种情况时,说明零件表层有较重的脱碳。

淬火时形成的网状裂纹是一种因表面脱碳形成的裂纹,其深度较浅,裂纹走向具有任意性,与零件形状无关。许多小裂纹相互联结形成网状,其分布的面积较大。当裂纹变深时,网状特征逐渐消失,就变成任意走向的少数条纹了。

网状裂纹一般出现在高碳钢零件上,如轴承零件表面脱碳达到一定程度后就很容易产生这种裂纹,这是由于表面脱碳的零件淬火时,内部马氏体含碳量比表层高,表层形成的马氏体与内部的马氏体体积相差大,使零件表面形成很大的多向拉应力而形成网状裂纹,但不是有脱碳层就一定形成网状裂纹,比如当表层完全脱碳时淬火后表层为不发生组织转变的铁素体,而作为过渡区的贫碳层很小,因表层铁素体塑性好,容易变形,使内部组织转变的应力得到松弛,则不易形成网状裂纹。

5.3.2　淬火组织不合格

（1）过热组织

正常淬火后，轴承钢中的马氏体呈隐晶或细小结晶（针长小于 $4\mu m$）状，在普通金相显微镜 500 倍之下观察，看不到明显针状或只能看到隐隐约约的细针状，甚至在电子显微镜下，有些马氏体也无明显针状特征。

轴承钢系过共析钢，采用不完全淬火（在 Ac_1—Acm 之间温度淬火）。在正常奥氏体化时，仍保留大量细小弥散的过剩碳化物颗粒；同时，在正常奥氏体化温度时，奥氏体仍保持细小晶粒。这些细小弥散的碳化物颗粒和大量的奥氏体晶界阻碍马氏体片的长大。马氏体成长时不能穿过异相质点，一般也不能穿过奥氏体晶界和已形成的马氏体。

当淬火温度过高，或在淬火温度上限保温太久时，二次碳化物溶解太多，奥氏体晶粒也有机会长得较大，则阻碍马氏体长大的作用减弱，以致马氏体有可能长得较大，在普通金相显微镜 500 倍之下就可以明显看到针状。

此外，原材料带状碳化物严重或退火组织中碳化物大小、分布不均匀以及退火组织中有细片状珠光体时，即使在正常淬火工艺下，也容易在碳化物分布稀少或颗粒细小（易溶解）之处（此处奥氏体晶粒也容易长大），马氏体长大的阻碍小而能够长得较大。

表面贫碳处没有或只有很少过剩碳化物，阻碍马氏体长大的作用较小，加之贫碳层的奥氏体晶粒能长得较大，在冷却条件较好、能发生马氏体转变时，马氏体有机会长得较粗大。

针状马氏体的出现，常伴随着过高的固溶体浓度和粗大的晶粒间界及大的应力集中，对钢的强度特别是韧性极为不利。由于过热，残余奥氏体量也相应增加，对韧性有所改善，但仍抵消不了粗大晶界对韧性的不良影响，同时大大降低了零件的尺寸稳定性。因而粗针状马氏体是应避免出现的一种淬火组织缺陷。为此，可针对其产生原因采取措施，如：

①严格控制原材料质量，特别是碳化物不均匀性；

②提高退火质量，得到均匀细小的碳化物颗粒状珠光体；

③按淬火工艺制定原则，合理选择淬火加热和保温参数；

④提高炉温均匀性和仪表可靠性；

⑤操作时密切注意炉温，遇特殊情况如停电、设备故障等，及时采取有效措施等等。

（2）屈氏体

屈氏体是欠热或冷却不良产生的组织，是一种较细的珠光体。轴承钢中出现的屈氏体，按其金相形态可分为块状屈氏体和针状屈氏体。有时也出现网状屈氏体，但一般认为网状屈氏体是针状屈氏体的连续形态。通常认为块状屈氏体主要是由于加热不足产生的；针、网状屈氏体是由于冷却不足产生的。也有认为针状屈氏体是下贝氏体类型的组织，因其显微形态和硬度均和下贝氏体相似。但根据轴承钢的 C 曲线可知，形成下贝氏体必须具有在 $260\sim350℃$ 左右的一定时间的等温条件才行。对于目前轴承钢中出现的屈氏体形态及其本质，还缺乏充分的研究资料。屈氏体存在于淬火轴承钢中将引起钢的硬度和强度的降低，对耐磨性和耐疲劳性也不利。

有少量针状、块状屈氏体，零件硬度一般合格，酸洗不容易发现软点。但大块状和网状屈氏体，就可能导致零件硬度低，酸洗容易发现软点，是不允许的组织。

从工艺上考虑，屈氏体产生的原因主要是：

①加热不足或保温时间不够,原始珠光体未完全溶入奥氏体中及奥氏体合金化浓度低且不均匀,局部区域的淬透性就低,在正常冷却时该区域会发生团块状屈氏体转变。

②冷却速度不够,即使在正常加热之下,钢中成分有起伏的局部区域未到其临界冷却速度,发生珠光体转变的产物。

③原材料成分及组织不均匀性大,退火组织不均匀,使局部区域欠热或冷却速度不够。

④表面脱碳出现贫碳层,在含碳量低处容易发生珠光体转变。

为避免淬火组织中出现屈氏体,可针对其产生的原因采取相应的预防措施,如:

①根据工艺制定原则,特别要考虑到原材料质量和退火组织情况,制订加热及保温规程,以保证充分加热。

②在操作时注意勿使工件置于炉子等温区以外,装炉量勿过多,零件不能过厚地堆积使部分零件难以透热。

③出炉时勿在炉门处停滞,出炉操作应迅速、准确。

④对连续式炉要避免工件行程末端温度降低太多。

⑤应合理选择冷却介质,控制介质温度不能太高,介质要纯而干净,不使用老化的黏稠介质。

⑥工件表面应无附着脏物和厚氧化皮,否则冷却不良;工件在介质中要均匀散放,并保证介质和工件的相对运动速度,如流动介质、串动工件、采用摇篮或淬火机冷却等等,淬火机线速度不应小于 2m/s,推力套圈滚道不应沟和沟对在一起冷却,更应小心勿使工件落入油槽底部氧化皮里。

此外,还要严格验收钢材,提高退火组织均匀性,采取避免氧化脱碳措施等等。

生产中若已出现屈氏体,则要检查其金相组织,分析原因并采取相应措施。如屈氏体为块状的则要提高淬火温度,适当延长保温时间;若是网状、针状屈氏体,则应加大冷却速度;如若加热、保温、冷却皆正常而又出现屈氏体,则要检查操作、控温、原材料、设备故障等方面,以求及时找出原因,采取措施。

正火或退火组织不合格,会影响到其硬度,一是会导致车加工困难,二是影响到淬火的加热温度及淬火组织。但淬火组织出现异常,在有未淬火的残件情况下,可以检验淬火前原始组织来确定热处理工序是否合理。当不存在残件的情况下,有经验的理化检验人员可以透过淬火组织发现原始组织的异常。

5.3.3 淬火应力及裂纹

轴承零件在淬火冷却过程中因内应力所形成的裂纹称为淬火裂纹。淬火加热温度过高或冷却太急,热应力和金属质量体积变化时,组织应力大于钢材的抗断裂强度,此时即发生淬火裂纹。淬火裂纹的断口比较清晰,无氧化层,断口呈灰色,酸洗后没有脱碳(贫碳)层。

工件在加热和冷却过程中,由于热胀冷缩和相变时新旧相体积差异而发生体积变化,工件表层和心部存在温差、相变非同时发生以及相变量的不同,致使表层和心部的体积变化不能同时进行,因而产生内应力。按内应力的成因可将其分为热应力和组织应力。这种内应力能相互叠加或部分抵消,是复杂多变的,因为它能随着加热温度、加热速度、冷却方式、冷却速度、零件形状和大小的变化而变化。

一般情况下,应力给轴承套圈产品带来的危害是引发其热处理变形和个别情况下的开裂。

应力的作用使其形状和体积变化的现象是常见的,但经正常一次热处理的零件,应力使体积发生的变化是不明显的,很难观察到。如图 5-4 所示为套圈经过数次加热淬火过程发生的形状变化,从宏观状态下体现了热处理应力对套圈的影响。

图 5-4　经多次加热淬火后零件的变形

此照片揭示了另一个问题,就是在零件热处理过程中,应力对尺寸变化的影响是以热应力为主的,即零件的壁厚增加、高度减小。

淬火裂纹形态和大小比较复杂,一般来说除表面脱碳和刀花裂纹外,其他淬火裂纹都比较深,裂纹周围无脱碳层,纹端有尖尾巴,在显微镜下尖尾梢附近常分布有细小裂纹。

淬火裂纹深而细长,单纯的淬火裂纹断口平直,断面无氧化色。它在轴承套圈上往往是纵向的平直裂纹或环形开裂;在轴承钢球上的形状有 S 形、T 形或环型。淬火裂纹的组织特征是裂纹两侧无脱碳现象,明显区别于锻造裂纹和材料裂纹。

隐形缺陷会导致零件在淬火时开裂,比如零件原有的表面缺陷(如表面微细裂纹或划痕)或钢材内部缺陷(如夹渣、严重的非金属夹杂物、白点、缩孔残余等)在淬火时形成应力集中;严重的表面脱碳和碳化物偏析;前面工序造成的冷冲应力过大、锻造折叠、深的车削刀痕、油沟尖锐棱角等。总之,造成淬火裂纹的原因可能是上述因素的一种或多种。

一般裂纹多起始于工件表层,逐渐向内扩展,但有的断裂源于其内部,以放射状向周围扩展,主要有以下几种情况:

①较大的零件未淬透时,在淬硬区和非淬硬区之间过渡处有一个最大的轴向拉应力,从而引发横向裂纹并最终扩展到表面。

②在表面淬火或渗碳件淬火后,硬化区和非硬化区之间存在较大切向或轴向拉力,而形成过渡区裂纹,这种裂纹由过渡区向表面扩展而呈表面弧型裂纹。

③由于白点、夹杂、疏松、缩孔残余等冶金质量缺陷存在,零件在放置期的自然时效、加热过程、冷却过程中首先从缺陷处产生内部裂纹,最终扩展到零件表面。

④零件经高温短时加热进行淬火,表层与内部组织差别很大,生产的组织应力足以使裂纹从内部产生。

引起淬火裂纹的原因较复杂,归结起来有以下几种:

①原材料成分偏析及组织不均匀使热应力和组织应力局部增大;

②钢中夹杂物或其他材料缺陷引起钢中局部强度下降和应力集中;

③淬火温度过高或保温时间过长引起组织过热,使淬火应力大而钢的强度极限降低;

④冷却介质不纯,使冷却不均匀,或介质温度太低以及出油温度过高而立即清洗等,造成过大的淬火应力;

⑤零件厚未淬透,使淬硬层和未淬硬层界面处产生大的组织应力;

⑥在零件倒角、分度线、槽沟、打字痕及大圆滚子顶针孔等处形成大的应力集中;

⑦表面脱、贫碳引起强度极限大大下降;

⑧零件壁厚差大处因冷却不均,引起大的淬火应力;

⑨操作不当,额外地增加淬火应力等等。

例如,普通轴承钢的热处理过程中,摞摆壁厚较大的工件时,为保证端面硬度,需要用隔离垫将套圈隔离,当摞放工件一同淬火时,往往会出现支撑垫裂纹,在套圈的单面或双面都有可能出现,呈均匀分布,当双面出现裂纹时,裂纹位置基本对称。开裂的主要原因是隔离垫影响此区域的冷却速度,与周围组织转变出现了时差,即不同时性,产生内应力导致开裂。

为了防止淬火裂纹产生,针对其产生原因,可采取如下措施:

①加强原材料验收检查,严格控制钢材质量。

②合理选择淬火温度和保温时间,严防工件过热。对过细的退火组织和经二次淬火的零件,更要注意这一点。

③正确选择冷却介质和冷却方式;严防淬火油内混水;应控制淬火介质温度;若出油温度高,出油后不能立即用冷水冲洗;对易开裂的、壁厚不大的复杂零件,也可选用分级淬火。

④淬火加热前,检查零件表面有无深的刀痕、分度线、划痕和过深的字痕,有无尖的倒角、沟槽,有无很大的壁厚差等。如有,应去除或淬火前加消除应力退火;淬火前先预热工件;适当降低淬火温度;适当提高油温或提高工件出油温度;对薄边、边缘孔则应考虑塞石棉或其他绝热填料等。

⑤采取措施避免脱、贫碳。

⑥淬火或冷处理后不应久停,特别是二次淬火的零件,淬火后要立即回火,回火要充分。

5.3.4　软点

由于加热不足、冷却不良、淬火操作不当等原因造成的轴承零件表面局部硬度不够的现象称为淬火软点。它像表面脱碳一样可以造成表面耐磨性和疲劳强度的严重下降,常是零件磨损或疲劳的中心。因此,成品零件上不允许存在软点。

软点可分为体积软点和表面软点。体积软点延伸到零件的深处,区域内硬度低于标准要求。硬度低的原因可能是马氏体浓度不够,也可能是出现了块状屈氏体所致。体积软点是由于不完全淬火,即加热不足,保温不充分或冷却不良造成的。避免体积软点出现的办法是首先确定软点产生的原因,制订改善措施,诸如适当提高淬火温度、延长保温时间、力求加热均匀、提高冷却速度、选用适当的淬火方式等等。

表面软点是零件表层局部有很薄(0.3~0.5mm)一层屈氏体组织或小块的局部脱碳层,或工件表面局部不清洁所致的。

以水为淬火介质时,出现软点的概率较大。由于在红热零件表面生成的气膜未及时破坏,气膜下冷却不良而生成屈氏体。所以,生产中一般采用盐、碱水溶液淬火可大大改善水的冷却性能。尤其采用热配苏打水溶液,对减少大钢球软点颇有效果。

滚动体端面局部硬度不足也归为软点。滚动体淬火后,往往在端面进行硬度检测,有的时候会出现端面硬度不均的情况,即靠近边部硬度高、轴心部位硬度低,也属于软点的一种。除因为保温时间不足或材料选择不当外,还与滚动体冷却方式有关,滚动体在摇框内冷却,导致滚动体头尾相接排列,端面冷却不足,硬度不均。

5.3.5　不合格断口

工件热处理后断口形貌,能够在一定程度上展现热处理质量。在轴承零件热处理标准 JB/T 1255—2011 中对热处理断口进行了分级,该标准是热处理质量检验指标之一。在金相组织、硬度合格的情况下,断口不合格也判定为热处理质量不合格。例如,盐浴马氏体、贝氏体淬火,当盐液中水含量高时,即使热处理后金相组织、硬度合格,但零件脆性极大,断口为脆性断口。热处理后的零件断口不合格,说明热处理存在一定的缺陷。不合格断口有以下几种情况:

(1)欠热断口

其特征是暗灰色纤维状的非平整断口。此断口是在淬火温度过低,或在偏低淬火温度保温时间不足的情况下形成的。它虽和正常断口一样属于穿晶断裂,但它的韧性比正常淬火的高,具有韧性断裂的纤维特征。

(2)过热断口

断口晶粒较粗,在灰色瓷状断口的表面能看出有晶粒出现。此断口是在淬火加热温度过高,或偏高情况下长时间保温,造成组织过热所致。由于过热,奥氏体晶粒和马氏体都变得较为粗大、性能较脆,在冲击作用下沿晶间(晶粒间界)断裂。

(3)粗大颗粒状断口

断口上可以明显看到粗大颗粒状晶粒。有时也称为石榴状断口。这种粗大颗粒状晶粒,有时出现在全部断口上,有时仅在断口局部区域出现。在检查金相时,淬火组织并不过热,属于正常合格组织。这种断口是由于热轧或锻造加热时过烧引起的。过热使奥氏体晶粒长得很大,并且出现晶界局部熔化,此缺陷在随后加工中无法消除。在冲击时沿粗大晶界断裂,断口上就可以明显看到粗大的奥氏体晶粒。这种钢材或毛坯漏检而进入淬火工序,经过了退火工序,在不高的淬火温度下,尽管奥氏体晶粒粗大,但有大量细小弥散的过剩碳化物阻碍马氏体长大,同样可得到隐晶或细小的结晶马氏体,使淬火组织不过热。

(4)带小亮点断口

在断口上有小亮点出现,这是由于严重网状碳化物包裹奥氏体晶粒,导致在冲击之下沿网壳断裂。因能看到亮的碳化物网壳,故也叫网状断口。

粗大颗粒状断口和带小亮点断口不属于热处理淬火工序质量问题,但会在淬火工序表现出来。

5.3.6　增碳

增碳是指零件在热处理过程中表层的碳含量增加,一般出现在 Rx 气用作保护性气氛的炉中热处理的工件。增碳的深度很浅,不容易发觉,一般对套圈的影响不大,偶尔表现在钢球的热处理压碎负荷检验方面。钢球的组织、硬度都很好,只是达不到标准规定的负荷要求,但在钢球粗磨后抗压碎负荷的能力增强,达到合格状态。这是由于表层增碳后的钢球在常规的温度下淬火时,表层形成了一层硬度很高的高碳组织,钢球在承受压力时,裂纹在表层高硬度区形成并向内扩展,使钢球开裂。

5.3.7 逆淬火

有效厚度比较大的零件和保温时间不足的零件在淬火后,零件心部往往出现屈氏体组织,在相关的标准上也对屈氏体的形态、位置要求做了详细的规定。但一些产品在热处理淬火后在其表层出现了屈氏体,而表层下的组织及硬度合格,称为工件的逆淬火。

逆淬火和零件表层脱碳在检查硬度时的表现基本一致,很难区别,在表层硬度软的情况下要认真分析,具体对待。

(1)引发原因

轴承钢在热处理时逆淬火发生的根本原因是冷却问题,是工件在奥氏体化后出炉到入油的时间内由于冷空气的作用使得表面温度急剧下降所致;或由于表面温度减低到不能完全转变为马氏体;或由于空冷延缓了淬火过程初期的冷却,致使工件在蒸汽膜阶段停留过长,使表面部分过多消耗转变孕育期的时间。而对于内部,依旧保持原加热温度,孕育期相对损失较少,在随后的冷却速度足够大的情况下,反而可以得到更多的马氏体组织。所以,使用蒸汽膜期长的淬火油更易发生逆淬火。

①逆淬火是工件在冷却过程初期缓冷,导致蒸汽膜阶段时间过长造成的。所以,正常生产中的轴承钢制工件,奥氏体化后空冷时间的长短对是否发生逆淬火起决定性作用。

②冷却介质的特性对逆淬火的发生有着重要的影响。蒸汽膜阶段时间越长,发生逆淬火的可能性越大。当冷却介质的蒸汽膜时间达到一定值,即使无延迟淬火也会发生逆淬火现象。

③工件的大小与逆淬火现象的发生有着密切的关系。工件的尺寸越小、壁厚越薄,发生逆淬火所需的空冷时间越短,所以更容易发生逆淬火。

(2)防止措施

①奥氏体化后及时淬火,合理地选择淬火介质以及适当的冷却方式,可以有效地防止逆淬火现象的发生。

②合理控制工件出炉到入淬火介质时间,保证表面不因温度降低而发生屈氏体转变。

5.3.8 冷处理裂纹

精密轴承产品,零件在淬火后需要进行冷处理,尽量减少残余奥氏体,保证高的尺寸稳定性。但冷处理不当将引起工件开裂。

由于淬火产生的应力与残余奥氏体的马氏体化产生的应力相叠加,会发生与淬火裂纹相同的裂纹。大型零件或厚壁零件等必定会发生冷处理裂纹,所以大型轴承或厚壁零件很少进行冷处理。

(1)引发原因

冷处理裂纹实质就是淬火裂纹,冷处理引发裂纹的原因归纳如下:

①零件淬火后,本身温度没有降至室温或用热水清洗使零件温度较高,此时装入低温箱内,由于冷却速度加快,部分未转变的奥氏体进一步转变为马氏体,在零件内部形成应力,并且在低温状态下材料的断裂抗力降低,引发裂纹。如果原来已有微细裂纹,裂纹将长大并扩展为宏观裂纹。

②零件尺寸大、形状复杂,冷处理温度过低,冷处理用的介质冷却速度过快都可能诱发

裂纹。

③用酒精、干冰做冷却剂的冷处理,操作方法不当,如将零件放置在酒精中再倒入干冰,造成零件局部温度降低很快,也能诱发裂纹的产生。

④零件冷处理后停留时间过长,没有及时进行回火处理。

(2)防止措施

①淬火零件冷却到室温后再装入低温设备中。

②对于形状复杂、厚薄相差很大的零件,细薄部分在冷处理前用石棉包扎可有效降低开裂倾向,淬火冷却到室温后先进行120℃左右短时的预处理,然后再进行深冷处理。

③对于采用酒精干冰做冷却剂的冷处理方法,应采取有效措施,防止干冰直接与零件接触,造成的零件局部快速降温。

④在冷处理后将零件投入水中或热水中进行冷处理,急热或冷处理结束后及时进行正常的回火。

零件在淬火后,首先在100~130℃短时回火,使促使残余奥氏体陈化,而且在降低淬火所产生的应力之后,再进行冷处理,这样能防止冷处理裂纹的发生。但是陈化的残余奥氏体会在冷处理时不发生转变而残存下来,使残余奥氏体量增加。

5.3.9　检验不当造成的废品

零件在热处理后,不论是全检还是抽检,均需要进行硬度检验。对于一般套圈,检验点位于端面。检验前需要对检验面进行打磨处理,满足粗糙度要求。在打磨时应注意打磨深度,不要超出产品磨加工留量,保证在完成硬度检验后的打磨面及硬度检验点在平面磨削时能消除掉。当打磨深度超出磨加工留量甚至是接近磨加工留量且硬度点深度超出时,都会产生废品。

5.3.10　热处理涨缩

零件经过热处理后,尺寸都会发生变化。基于这一点,在产品进行车加工工艺设计时就应考虑到产品单边的留量问题,在零件留量确定后,不合适的热处理方法可能造成零件的尺寸废品,即漏黑皮废品。例如按常规油淬火涨大规律车制的内径套圈,采用了贝氏体淬火,由于套圈涨大,套圈报废的概率增大。

(1)热处理涨缩规律

①在合适的温度下保温后,采用水等冷却能力较强的淬火剂冷却,淬火后的套圈尺寸最大。

②采用油做淬火剂时,在旋转淬火机上冷却的套圈尺寸最小,采用钩串的套圈尺寸略大。

③在盐浴冷却淬火时,水含量越高,淬火后工件涨大量越大,所以,采用盐浴的马氏体或贝氏体淬火,应严格控制其水含量,保证批量产品的规律性。

④套圈在热处理过程中的尺寸变化,会受锻造料段长径比的影响,受锻造后冷却方式的影响,也与钢的化学成分相关。比如,在自动连续生产线中,同盘淬火的四件套圈,三件按正常规律涨大,一件发生尺寸收缩,就与锻造有明确的关系。

工件在热处理过程中尺寸变化,虽然遵循一定的涨缩规律,但由于影响因素很多,所以并不存在一个绝对的涨大率,在车加工时使工件保持一定的磨工留量就是充分考虑到热处理这一特点。

（2）合理利用涨缩规律

工件在热处理淬火时的尺寸变化，是可以利用的。如因车工问题内径留量小的套圈，在确定外径尺寸合适的情况下，可以通过一次较低温度（790～810℃）的淬火，冷却到室温后，重新按正常工艺淬火，可有效地缩小套圈尺寸。

5.3.11 保护性气氛热处理

保护性气氛热处理是指产品在惰性气体或非氧化、脱碳炉膛气氛中实现加热、保温及淬火的热处理方式。其目的是避免或减少工件表面脱碳和氧化。工件热处理时，影响工件脱碳和氧化的主要因素是炉膛内的氧含量和水分，所以，保护性气氛热处理的实质是控制炉膛内的氧和水分。

真空炉的热处理也属于保护性热处理的一种。理论上讲，一切减少热处理炉内膛氧含量的所有气氛均可用于保护性气氛热处理中。但由于氮气化学性能稳定、不与其他组织反应、无毒无害无污染且制造成本低等原因，常用的保护性气氛多为氮甲醇气氛，即以氮气为主要载气，适当添加甲醇及丙烷，通过燃烧，调节炉内因炉门循环开启而进入的氧气，并起到增加炉压的目的。单一的氮气，不适合做保护性气氛使用。

在氧化气氛下，加热的工件表面氧化的过程为一个缓慢的过程，首先形成黑色的氧化亚铁（FeO），属于致密并与工件结合牢固的氧化物。随着氧化程度增加，转变为松散的红棕色三氧化二铁（Fe_2O_3）。最终转变为黑色的四氧化三铁（Fe_3O_4）。生产中的发蓝处理，工件表面为蓝色、灰色，工件表面存在其他氧化物，不是单独的氧化铁。

图5-5为锻件表面表层氧化物脱落后的情况。由于红棕色三氧化二铁（Fe_2O_3）层比较厚、密度小，比较松散，表层四氧化三铁（Fe_3O_4）与之结合能力很差，极易脱落。锻件表面灰色氧化皮脱落后，可见皮下的红色氧化层，属于松散的红棕色三氧化二铁（Fe_2O_3）。表层氧化皮的脱落属于锻件的正常现象，在水分较多的热处理炉加热淬火的工件，偶尔也会出现这种现象，只是其氧化物厚度与锻件有比较大的差别。为减少热处理炉膛内氧和水的含量，首先要保证设备本身的保压能力，减少氧气和水分进入炉膛的通道；其次，通入炉内的保护性介质均应符合相关技术要求。

图5-5 锻件表面表层氧化物脱落

（1）炉门密封

炉门起到阻隔不需要的外部气氛进入炉内的屏障作用，炉门在其动作周期内真正起到密封作用。

油为淬火介质的生产线,烟气进入炉膛内,不影响工件的氧化和脱碳,只会影响到零件的表面色泽。但以硝酸钾和亚硝酸钠熔盐为淬火剂的生产线,由于混合盐液中须含有一定的水分才能满足对冷却能力的要求,但230℃左右盐液中水分会处于不断蒸发的状态,充斥淬火室,特别是工件进入盐液的短时间内,水的蒸发特别严重。所以,在淬火室炉门密封良好的同时,也需要及时清除淬火室空气中的水分,防止出料炉门开启时进入加热室。

对于不涂防脱碳剂的保护性气氛连续炉,由于炉膛内水的危害更甚于氧,所以更应该注意水分的控制。有的设备加工产品时,首盘工件表面良好,色泽光亮。但从第二盘开始出现氧化越来越重,就是淬火室水分进入加热室导致的。

对于连续生产的炉型,比如网带炉,属于无炉门限制,其氮甲醇消耗量明显大于有炉门限制的周期炉。

(2)保护性介质纯度

氮气、甲醇和丙烷中水含量,也是工件氧化脱碳的因素。介质中水含量高的时候,工件的氧化及脱碳甚至比在空气炉中热处理还要严重。

对于含有一定量水汽的气体,在气压不变的情况下降低温度,使饱和水汽压降至与当时实际的水汽压相等时凝结出水溶液的温度,称为露点。氮气中水含量的测定指标为露点,气温愈低,饱和水汽压就愈小。进入炉膛内的氮气露点应低于−40℃,才能对工件起到有效的保护作用。

(3)工件不允许带水进入炉膛

工件进入热处理炉内,首先经过前清洗,去除工件表面的污物和残留的车削液,清洗后的工件在进入加热炉膛前必须经过风干。

5.4 渗碳处理缺陷

渗碳是为了增加表面碳浓度,在淬火后,表层为高碳马氏体和残留的碳化物颗粒,保证了硬度和耐磨性;而心部要求为低碳的板条马氏体和部分残余铁素体,是为了保持心部的韧性。

渗碳深度要求是根据轴承结构和使用状态来确定的,并非渗碳越深越好。利用增加轴承套圈渗碳层深度的方法来防止使用过程中产生疲劳,是一种认知上的误区,增加了渗碳的生产成本。并且,渗碳深度过深,还会降低轴承套圈在出现疲劳后的承载能力,出现开裂现象。

渗碳过程中产生的缺陷主要包括渗碳层深度浅、过渗及渗碳层深浅不均、组织不符合标准要求等几种情况。

(1)渗碳深度浅

渗碳深度浅,在淬火后造成零件表层强度不够,轴承抵抗外加负荷的能力减弱,工作时零件表面出现压塌现象形成凹陷,疲劳强度降低,易引起疲劳剥落及过早的磨损。

渗碳速度太慢(温度低、碳势低)及渗碳时间不足等都有可能造成渗碳层深度不够。渗碳试样要比工件小,因为曲率差别,试样的渗碳层深度比工件要深,往往会发生检查过程样合格而实际工件渗碳层深度不够的现象。

渗碳层深度不足的产品是可以通过补渗进行挽救的,零件在补渗前去除表面的氧化皮以保证渗碳层均匀。过程试样要用原来的试样,不得更换。

(2)过渗

过渗是指渗碳深度过深,使心部韧性降低,零件工作时易发生断裂。对于重要的零件来讲,渗碳层过深只能按报废处理。

过渗多是渗碳时间长、碳势高导致的结果,但对于目前安装有渗碳控制智能软件的渗碳设备而言,氧探头失效及仪表出现误差导致的过渗更多。

(3)渗碳层深度不均

渗碳层深度不均,造成局部区域的机械性能差。渗碳层深度不均匀的原因是多方面的,主要有:

①工件表面不清洁,表面有锈斑、油污,这些东西在装炉、渗碳前要认真清洗。

②装炉量过多或零件在炉内放置不合理,彼此间间隔太小,炉内气氛流通不畅。

③风扇停转或无风扇,炉内气氛不流通或流通不畅,使炉内气氛不均匀,局部有死角。

④零件表面被炭黑、炉灰、结焦、黄泥等所覆盖,异种有色金属的覆盖(如铜)起防渗的作用。

⑤经过磨加工的产品出现的渗碳层深度不均,与淬火变形有关,因磨量不均,导致局部出现渗碳层磨掉的现象。

(4)脱碳

已经完成渗碳的产品其表层失碳,引起表面淬火硬度不足,淬火后缺少细颗粒的碳化物,零件的耐磨性降低。在截面检验硬度的表现形式为表面硬度不合格,但硬度自表层至内逐渐增加,经过高峰后又逐渐降低。

零件渗碳后的脱碳,主要出现在扩散期及等待出炉期。扩散期炉气碳势过低,炉子漏气,因渗剂滴量过大形成炭黑阻碍碳的吸收,以及介质为氧化气氛等因素,可能导致零件的表面脱碳。同样,在出炉等待区,因为气氛碳势较低,等待时间过长也会形成脱碳,甚至氧化。

表层脱碳严重的零件可以进行补渗。补渗的温度、碳势等技术指标同原来的工艺。补渗后工件无须进行扩散直接降温冷却。

普通轴承钢制零件也可以通过在渗碳气氛中加热达到补渗的目的,使零件表面损失的碳得到补充。

(5)渗碳层碳浓度不足

零件表面碳浓度不足,使零件表层碳含量达不到相应的技术要求,其危害同脱碳。

渗碳层碳浓度不足可以归结为渗碳温度低及渗碳气氛碳浓度低两种原因,也与氧探头和仪表准确性有关。

(6)针状碳化物

针状碳化物出现在高温回火后,是从饱和奥氏体晶粒内析出的渗碳体,称过共析魏氏组织,多出现在渗碳温度偏高使奥氏体晶粒粗大、碳浓度偏高和回火前残余奥氏体多的情况下。由于针状碳化物很稳定,很难消除,是渗碳组织中不允许存在的一种组织。

(7)硬度不足

渗碳层的表面脱碳、碳浓度不足,淬火后残余奥氏体过多,及淬火加热不足、冷却不良、回火温度高等都会引起硬度不足,使零件抵抗外加负荷的能力降低,容易产生凹陷、疲劳剥落和过早疲劳。

(8)渗碳零件裂纹

渗碳零件的裂纹大多出现在淬火后,裂纹形态不一,但原因主要有以下几个方面:

①碳浓度过高,形成粗大碳化物网,淬火应力导致沿粗大碳化物网状开裂。

②一次淬火开裂。轴承零件多为两次淬火，一次淬火使用的淬火液多为 20# 或 32# 机械油，所以一次淬火温升可以设定得比较高，也就更忌讳淬火液中进入水分。

③渗碳后出炉油冷时，出炉温度过高易引起开裂，特别在渗碳层浓度高的情况下更容易产生。

④垫块造成的开裂。套圈之间的垫块面积大，与垫块接触的部位碳浓度与周围相差较大，同时给套圈造成的压痕亦造成应力集中引起开裂，所以，应将垫块开凹槽，以减小接触面积。

⑤油沟处的应力集中易引起开裂，特别是车刀尖角处。所以，大型套圈的小油沟与端面台阶可以在高温回火后再进行车削加工。

⑥扩散不充分形成内部裂纹。裂纹出现在过渡区内的碳势突变区，沿过渡层扩展，严重时裂纹扩展到表层。内部裂纹的出现是由于渗碳扩散不完全导致过渡区的碳势梯度变化大，在淬火后应力集中导致的，可以在淬火时形成，也可以在淬火后放置时形成。

⑦淬火后回火不及时，会导致裂纹的形成，其裂纹源集中在零件内部过渡区位置。过渡区内存在的原材料夹杂也可以作为裂纹源导致内部裂纹的形成。为预防内部裂纹的产生，需要解决好扩散问题，使零件过渡区内碳浓度变化及硬度变化趋于平缓。措施包括：适当降低一次淬火温度，减小应力；一次淬火后为减小应力作用时间，及时进行回火。

5.5 感应淬火缺陷

5.5.1 感应加热淬火特点

对于浅层感应加热淬火，一般采用单头感应器，比如汽车钟形壳体、保持架支柱等的淬火，属于冷态加热淬火。但对于硬化层要求较深的工件，如果采用单头感应器，由于热量多集中在工件表面，降低了淬火速度，需要靠热传导使热量由外向内传递，过渡区加厚，硬度分布也不理想，生产效率低。所以，对于深层感应加热淬火，多采用双感应器形式，利用金属材料在预热后零件温度达到 770℃（居里温度）以上时，磁导率突然下降为 1，涡流透入深度显著增加的原理，使零件内部在加热感应器作用下完成感应加热。可以理解为，预热感应器加热零件表层，加热感应器主要加热零件一定深度的内部。

感应器与工件之间距离（淬火间隙）的变化，会影响到感应器的热效率，间隙越小，热效率越高。间隙大小的主要考虑因素一是淬火后硬化层形状，二是防止工件与感应器接触。对于非平面加热淬火，如转盘轴承沟道淬火，淬火后硬化层形状是由感应器决定的。调整感应器与工件的间隙，可以改变硬化层形状。即淬火间隙的变化，会导致零件的加热温度和硬化层深度发生变化。同样，感应器的偏移，也会导致沟道两弧面硬化层深度不均、表面加热温度不均。

正常生产过程中，一台设备会加工不同硬化层深度要求的工件，当不同工件硬化层深度相差不大时，一般不会更改设备频率，而是通过更改淬火速度和加热功率来实现，同时需要考虑预冷时间，通过三个参数的合理搭配使工件达到技术要求。

中频感应加热，加热速度基本为 200～300℃/s，就 42CrMo 而言，相对应的淬火温度比普通加热状态下淬火温度提高了近 60℃。工艺中给定的淬火延迟时间，就是预冷时间，是通过加热感应器与喷水点的距离和淬火速度计算得到的。这段时间，加热后的工件温度均匀，喷水冷却后不易产生淬火裂纹。

感应淬火裂纹的分析是比较简单的,把出现在沟道内的裂纹分为两种,一种是沿圆周方向分布的线性裂纹;一种是沿轴向或与轴向呈一定角度的,统称为轴向裂纹。而齿轮淬火出现的裂纹分为沿齿向分布的纵向裂纹和垂直齿向的横向裂纹两种。

感应淬火裂纹同渗碳件淬火裂纹一样,特点比较明显,其裂纹深度不会超过硬化层深度,方向多垂直于加热面,裂纹边沿具有淬火裂纹边沿特征。当感应淬火工件出现的裂纹与以上特征不符合时,应做进一步分析。

硬化层深度不均及硬度不均、加热表面的局部熔化等缺陷也会时常发生,多与设备及操作有关。在感应淬火工序中,热处理工艺参数是通过实际加工产品实验得到的。所以不是热处理工艺决定了产品质量,而是设备的稳定性、操作者能力、工装器具的好坏决定了产品质量,这是感应淬火与普通热处理工作的区别。

5.5.2　沟道周向裂纹

感应加热淬火是感应加热后,利用喷淋方式对加热区进行冷却,在冷却均匀的情况下,淬火区域色泽比较均匀,但在冷却不均的情况下,严重时会出现黑、白两区,见图 5-6。白亮区域为水喷淋激烈区域,黑暗区域为喷淋很弱或没有喷淋的区域。

图 5-6　冷却不均生产的色泽差异

加热后的沟道,冷却水喷淋部分急剧冷却,使非喷淋部位或喷淋较弱部位冷却能力与喷淋部位存在很大差异,组织转变的不等时性会产生较大的组织转变应力,导致最终开裂。此种裂纹,属于冷却不均导致的裂纹,多出现在沟口位置。

在卧式淬火机床感应加热淬火,喷水盒喷水孔角度不合适或喷水量大时,下部会出现“回水”现象,使底部边口提前冷却,温度降低,也会导致出现周向裂纹。

普通热处理中多数裂纹形成、扩展于脆性大且不堪拉应力作用的马氏体中,但不能把马氏体的固有脆性单独作为淬裂的影响因素。感应加热淬火的裂纹往往形成、扩展于非脆性区域内。周向裂纹及齿面裂纹多属于这种状态下的开裂。仅仅通过马氏体转变区域内的缓冷,不能完全预防周向裂纹的形成,甚至冷速越缓慢,开裂的危险性越大,这一切都是由这类钢的残余应力形成规律及作用特点决定的,应尽量减小截面温度差和截面的收缩速度,以抑制淬火裂纹的产生。即可以通过改善冷却条件,保证加热区域的冷却均匀性,减小不同部位组织转变不等时性产生的应力。

当材料枝晶严重并有纤维头裸露在沟道时,周向裂纹出现的概率增大,因此形成的裂纹宽度较正常情况下的裂纹略大,甚至在淬火组织合格的情况下,出现沿晶开裂现象。

马氏体转变的不等时性,也会导致硬度不均,故应尽量减小截面内外马氏体转变的不等时性(或温差)。

感应加热淬火设备全部都安装有过滤系统,其作用主要是过滤掉氧化皮和杂物,保持淬火液的纯洁度。目前设备对于氧化皮的过滤是比较完整的,沉淀、桶状过滤器的粗过滤、磁性过滤器的细过滤,对氧化皮的清理起到很好的作用。但工件淬火时为防止尖角效应导致加工孔边沿开裂,多采用岩棉堵加工孔,如果碎岩棉进入淬火液并清理不完全,喷水盒的喷水孔容易堵塞,不可能停止加工来清理,从而引起冷却出现问题,易导致硬度不均及在淬火面出现周向淬火裂纹。

5.5.3　沟道轴向裂纹

轴向裂纹多存在于最薄弱的边口位置,严重时裂纹会向沟道内扩展。

沟口开裂,主要有以下几点原因:

①加热功率大,整体淬火温度偏高。调整加热功率、适当降低加热温度是最有效的方法。在硬化层深度和组织允许的情况下,也可以通过改变喷水盒与感应器距离,即通过延时,改变淬火区域温度,减小开裂倾向。

②感应器偏移、变形、设计不合理,造成一侧或沟口淬火温度偏高,只能调整感应器位置或改进感应器。

③导磁体安装不合理或导磁体质量问题,导致驱磁不均,造成一侧淬火温度高。通过预制感应器偏离,可以解决一侧加热不均的情况,但更换导磁体是根本的解决方法。

④过度冷却同样会导致沟口的轴向裂纹产生。淬火硬度要求越高,过度冷却的危害越大。

见图5-7,两沟道加热参数一致,加热第二沟道时,因保护过度使第一沟道上弧沟口出现裂纹。双沟道套圈的感应加热淬火,首先加工下面的沟道,称为第一沟道。在加工完成第一沟道后,感应器上移进行第二沟道的加工,由于第二沟道加热时,热量的传递导致第一沟道上弧进行高温回火,其硬度降低。图5-8为温度扩散形成的色泽差,反映了加热一个沟道对另一沟道的温度影响。

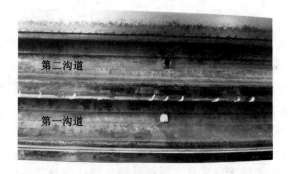

图 5-7　第一沟道上弧沟口过冷淬火裂纹

传递到上弧沟口温度的高低取决于设备频率、沟心距(即两沟口距离)、硬化层深度要求三个方面。实质上,这属于设计范畴,应充分考虑温度传递对硬度的影响来确定中档边宽度。中档边宽度不足,在加工第二沟道时,会导致已经加工过的第一沟道沟口硬度降低。为防止传递到第一沟道上弧沟口位置的温度引起高温回火,在加工第二沟道时,需要对此处进行喷水冷却保护,称保护冷却。喷水量应以不出现气泡,工件温度不高于200℃为准,并注意以下两方面问题。

图 5-8　温度扩散形成的色泽差

（1）不能出现间断或断续的保护冷却

间断或断续的保护冷却，使保护面处于冷热交替状态，易使保护面出现裂纹。

（2）过度的保护冷却

第二沟道加工时，由于温度急剧上升，金属体积膨胀，传导的热量使第一沟道表面形成拉应力，进而导致第一沟道表面出现裂纹。第一沟道保护冷却水流量越大，金属温差形成的拉应力越大。

5.5.4　齿面横向裂纹

齿面横向淬火裂纹是由加热温度高或加热不均所致。裂纹多出现在高、低加热温度的交界处、齿顶边角。当加热温度特别高的时候，裂纹出现在温度最高的部位。

齿面裂纹与以下因素有关：

①感应器与齿面的距离发生偏移时，一侧齿面加热温度高。

②导磁体长度短，导致齿面加热温度不均，为保证齿边硬度满足要求，增加功率，导致齿面中心部位加热温度高。

③导磁体长度大，感应加热的边角效应导致边角加热温度高。

5.5.5　齿根纵向裂纹

齿根纵向裂纹属于危害最严重的裂纹，当齿根出现纵向裂纹时，基本会导致零件报废。齿根有纵向裂纹的零件，在使用过程中很容易断齿。

齿加热用感应器为仿形感应器，根据其加热特点，为保证整体加热面温度均匀，齿根距工件间隙要略小于感应器与齿面的间隙。

齿根裂纹与以下因素有关：

①感应器加热齿根部位的竖梁太长，导致齿根加热温度高，可以调节感应器与齿根间隙解决加热不均问题。

②感应器在制作或在使用过程中的修磨，造成感应器形状变化，即平时说的"胖瘦"变化，导致齿根中心部位加热温度高。这种情况下，只能更换感应器。

为避免齿根裂纹的产生，对于小模数产品，加热后的齿根可以不喷水冷却，充分利用两侧齿面的冷却水及基体的自身吸热进行冷却，硬度也会满足技术要求。

5.5.6　起始点裂纹

感应加热淬火起始点裂纹为轴向裂纹，是局部加热温度高导致的。感应加热时感应器与工件的间隙是很重要的一个参数。间隙的变化引起功率的变化,决定了表面加热温度的高低。当感应器与工件之间无支撑时,在起步加工瞬间,感应器与工件产生吸附,造成两者间隙变小,工件表面温度急剧增加,在随后的冷却中造成开裂。目前感应器间隙由电器控制的较多,能保证在加热淬火过程中感应器间隙,但电器控制需要反应时间,不能解决起步感应器吸附问题。

加热温度的变化,通过表面色泽变化反映出来,不论加热后是否喷水冷却,在淬火面上可见明显的色泽差异,见图 5-9。高温区色泽发白是瞬间感应器靠近工件所致,并在随后的很短时间内,间隙恢复到设定距离,色泽恢复正常。

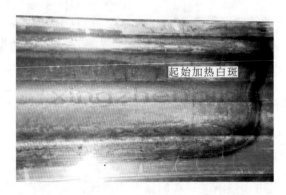

图 5-9　起始点感应器吸附产生的色泽差

改善感应器支架稳定性、导流板强度,避免起始加热时感应器的位移使间隙改变是根本的解决方法。另外,也可以通过缓慢升高起始功率的方式减小吸附力或通过改变感应器与工件间角度,使感应器尾端与工件的间隙加大。在用双感应器加热设备加工产品时,将加热感应器提前预热,也可以减少起始点裂纹。

目前市场上的感应加热电源、起步加热功率输出控制有不同的方法,比如阶梯形输出、弧线缓慢递增输出、低功率起步人工控制功率输出等,前面两种方式更容易让操作者接受,可以比较好地控制起始点裂纹的产生。

5.5.7　软带接口裂纹

目前无软带感应加热淬火技术不成熟,大型环件的中频感应加热淬火,采用连续加热淬火方式进行,加热起始点与终止点有一定的距离,称为软带。相关技术标准中对软带给出一定的宽度要求。从环件使用角度看,软带宽度越小越好,但感应加热淬火加热起始点与终止点必须有一定的安全距离,否则会在起始加热位置的边沿,受终止加热温度的影响,出现轴向裂纹,见图 5-10。在相同软带宽度的情况下,硬化层深度越深,接口裂纹出现的概率越大,裂纹可以出现在热影响区边沿,也可以出现在热影响区内部。

图 5-11 为热影响区全貌,从色泽上可以将热影响区分为高温影响区和低温影响区。软带的宽度控制,应该以起始加热位置的低温影响区和终止加热位置的低温影响区可以相互略微重叠但不进入起始加工区的高温影响区为宜。

热影响区尺寸与设备使用的加热频率有关,零件淬火硬化层深度要求越深,使用的频率越低,软带距离应越大。

图 5-10　轴向软带接口裂纹

图 5-11　热影响区全貌

对于不能自动控制软带距离的感应淬火设备，操作者应观察终点与起始点的距离，及时断开加热电源。对于自动化高的设备，首先要进行工艺验证，在运行程序中设定好软带宽度。

在轴承设计过程中，要考虑软带宽度的大小，带有堵球孔的套圈淬火，软带宽度应大于球径 10mm 以上。具体尺寸看实际情况，以感应加热的热量不影响堵球块为最好，可以防止沟道边沿和堵球块边沿出现硬化层，在生产过程中避免了尖角效应导致的淬火开裂，在轴承使用过程中也防止了硬化后的边角在承受辗压力时的碎裂。所以，图 5-12 的淬火方式需要改进。

图 5-12　堵球块边沿硬化

软带宽度按以下方式计算时,热处理安全性能能够得到保证。

热处理时热影响区的大小基本如下:

硬化层深度要求小于 5mm 时,高温热影响区长度 $A=15\sim20mm$。

硬化层深度要求大于 5mm 时,高温热影响区长度 $A=20\sim25mm$。

低温热影响区长度为 $10\sim15mm$。

设堵球口直径为 B,为使用安全,堵球口边沿不易"压碎",淬火硬化应距离堵球口一定距离,给定 $\geqslant5mm$。

(1)带堵球口套圈

①堵球块不允许受热的情况下,软带宽度 $L\geqslant2A+B$。

②堵球块允许受热的情况下,B 大于 55mm 时,软带宽度 $L\geqslant B+10$;当 B 小于 55mm 时,$L\geqslant2A+15mm$。

(2)不带堵球块套圈

软带宽带 $L\geqslant2A+15$。

5.5.8　局部熔化

在正常感应加热的情况下,工件与感应器相对移动,工件被感应器扫描过的部分温度达到一定值的时候,移动脱离感应区,其温度会逐渐降低。

由于感应加热速度要远远高于普通加热方式,如果工件与感应器的相对移动停止,在很短时间内,被加热的工件局部温度会很高,达到局部熔化状态。同样,由于设备不稳定,感应器与工件的间隙缩小到一定程度,也会引起工件局部温度陡升,甚至局部熔化形成熔化坑,属于受热面与感应器非接触性熔化。

图 5-13 为生产过程中工件旋转机构停止工作,但感应加热依旧在进行,在 $2\sim3s$ 的时间内导致局部熔化的状态。感应加热的频率越高,金属熔化所需要的时间越短。在这一过程中,熔化和氧化同时进行,外观上,感觉会有金属的缺失。

图 5-13　感应加热熔化状态

感应淬火时因过热或工件突发停滞将导致淬火部位出现局部熔化现象,熔化坑面积大小不同、深度不一。对于此类质量问题的处理办法易陷入一个误区:当熔化深度较深时,无疑将采取报废处理的方法;当熔化深度较浅未超过热处理后的磨加工余量时,往往会采用将熔化坑磨除的处理办法。表面上看,该缺陷已去除,似乎对后序加工没有影响,而其实,这类缺陷的潜在风险较大,这是由熔化坑底部的组织状态决定的。当淬火部位局部熔化后,不论熔化坑深浅,其底层的内部必然为过烧、过热的粗大组织。

图 5-14 为通过磨削去除一定深度的大面积熔化坑后,显示的底层组织过烧形成的微细裂纹,可见熔化对坑底层组织的影响,即使坑底不出现微细裂纹,组织过热也是必然存在的。所以,仅将表面缺陷去除的处理方法无法保证工件的热处理质量。工件在承载过程中易出现裂纹、剥离等严重的质量隐患,必须引起高度的重视。在出现类似质量问题时,无论熔化层深度如何,均应采取报废处理的办法,或在工件尺寸允许的情况下,通过热处理方法消除内部过热组织,然后重新淬火来挽救。

图 5-14　熔化坑底部微细裂纹

感应加热的电击伤同样会造成工件的局部熔化,与加热熔化有很大的相似性。加热面局部熔化,很难区分是电击伤熔化坑还是加热熔化坑。唯一的区别为感应器是否与工件接触,需要在熔化坑的坑底及分布在熔化坑边沿的凝固滴流上仔细观察。有的企业为了简单方便,将两种缺陷通称为电击伤。

图 5-13 显示的工件沟道上下弧受热面熔化程度不同,这是由于感应器的偏离所致,感应器与工件的间隙越小,熔化越严重。感应器偏移程度不同,会出现沟道截面均匀熔化、不均匀熔化和一侧局部熔化等各种形态。

正常工件的加工,感应器偏移会导致沟道两侧受热不同,影响到硬化层深度和硬度,在淬火后表现出的色泽也是不同的,见图 5-15,操作者可以根据工件沟道色泽进行适当调整。

图 5-15　感应器偏移导致的色泽差

　　虽然感应器与工件受热面的间隙偏移会使淬火出现一系列问题,但如果能合理利用感应器偏移出现的加热温度不均,也可以解决生产中非对称性工件的淬火及相邻面硬化层深度要求不同等技术问题。

5.6　典型热处理缺陷图例

图 5-16

缺陷名称:淬火裂纹

处理状态:粗磨后自然状态

　　在圆锥轴承外圈、球面轴承内外圈、九类轴承内外圈等厚度不均的产品,很容易在淬火时出现沿车刀花开裂的周向裂纹,多在靠近大端面三分之一的位置。裂纹断断续续,长短不一,见图 5-16。

缺陷名称:淬火裂纹

处理状态:断口自然状态

　　在普通热处理状态下,这样的裂纹细小、呈断续状,如果不采用特殊的检验手段,不易被发现,见图 5-17。

　　由于是在淬火过程中开裂,裂纹内有淬火油。

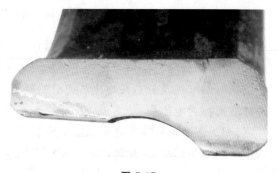

图 5-17

图 5-18

缺陷名称:淬火裂纹

处理状态:自然状态

　　裂纹在靠近倒角位置呈 S 形,沿周向开裂(图5-18)。

　　盐浴贝氏体淬火是返修工件最容易出现的一种淬火开裂,是由盐液中水含量高或等温后激冷所致。

　　即使正常淬火工件,盐液中水含量高,也会导致沿倒角边沿分布的裂纹。

缺陷名称:淬火裂纹

处理状态:断口自然状态

由于淬火用盐液中水含量高,在零件硬度及组织合格的情况下,脆性极大,虽然存在撕裂楞,但可见明显为磁状断口,见图5-19。

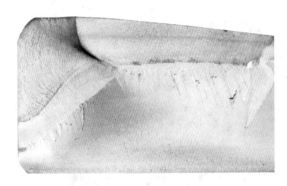

图 5-19

图 5-20

缺陷名称:淬火裂纹

处理状态:热处理后自然状态

滚动体典型的热处理淬火裂纹。

常见的裂纹形态多为S形、Y形,属于加热温度高、冷却速度快造成的,见图5-20。

缺陷名称:淬火裂纹

处理状态:热处理后自然状态

滚动体典型的热处理淬火裂纹。

如图5-21所示,常见的裂纹形态多为S形、Y形,不只出现在滚动体外径上,也会表现在其端面。

在考虑到淬火液冷却能力的情况下,适当降低淬火温度,是解决淬火裂纹的最根本方法。

图 5-21

图 5-22

缺陷名称:淬火裂纹

处理状态:热处理自然状态

带有凹穴的滚动体,淬火裂纹的表现形式更多。

在淬火过程中,易从凹穴处开裂(图5-22)。裂纹由内向外发散,是淬火过程中应力集中导致的,可以通过降低冷却速度得到改善。

缺陷名称:淬火裂纹

处理状态:热处理自然状态

在过热比较严重的时候,热处理淬火裂纹也可以形成网状的龟裂形态,见图 5-23。

图 5-23

图 5-24

缺陷名称:钢球淬火开裂

处理状态:开裂后自然状态

钢球淬火裂纹同滚子一样,多为 S 形、Y 形,由于冷却条件四周相同,更容易"裂透"。从图 5-24 的断口可见,裂纹起源于钢球边沿,向内延伸。

缺陷名称：圆柱滚子横裂

处理状态：粗磨后状态

如图 5-25，滚子表面沿圆周分布的裂纹，可以是单条，可以为数条，宽细不一，是淬火裂纹的另一种表现形式。

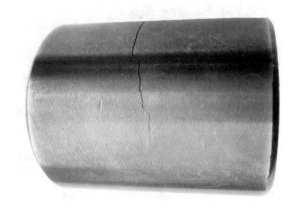

图 5-25

图 5-26

缺陷名称：淬火裂纹

处理状态：粗磨后自然状态

圆周分布的裂纹与轴向裂纹伴生（图 5-26）。

各条裂纹是独立存在的，起始位置均在滚子表层，沿圆周分布的裂纹，在轴向裂纹位置终止。

轴向裂纹平直，与材料裂纹很相像，但裂纹内无氧化，边沿无脱碳。

缺陷名称：淬火裂纹

处理状态：热处理自然状态

润滑油孔未堵形成的淬火裂纹（图 5-27）。

普通的球面轴承外圈都带有润滑槽及润滑油孔，油孔在热处理前应用耐火泥或其他工具封堵，避免因冷却过程中激冷导致的尺寸收缩引发裂纹。

图 5-27

图 5-28

缺陷名称:支撑垫裂纹

处理状态:端面磨削状态

对于壁厚较大的套圈,加热时套圈间加隔离垫,当隔离垫太宽,摆摆淬火时会在隔离垫位置出现裂纹。

裂纹具有一定宽度,呈锯齿状。当套圈端面双面存在裂纹时,两侧裂纹基本对称,见图 5-28。

缺陷名称:鱼鳞状裂纹

处理状态:外径磨削状态

套圈外径因渗碳工艺不合理和回火不及时,在内应力的作用下,形成多点位置开裂,裂纹在表面为半弧形,类似鱼鳞故称鱼鳞状裂纹,见图 5-29。

图 5-29

图 5-30

缺陷名称:鱼鳞状裂纹

处理状态:内径磨削状态

如图 5-30,在套圈内径,同外圈一致,靠近中心最大厚度位置,出现鱼鳞状裂纹的概率较大,可见裂纹的出现与内应力有关。

缺陷名称:鱼鳞状裂纹

处理状态:热处理后自然状态

在淬火后开裂的自然状态下,这种裂纹形态与凸起的鱼鳞形状更接近。在裂纹周围金属的变形使氧化皮等脱落,使其色泽出现差异,见图 5-31。

图 5-31

图 5-32

缺陷名称:鱼鳞状裂纹

处理状态:裂纹底部自然状态

当几个裂纹聚集在一定区域时,裂纹开裂方向不一致,将凸起的裂纹上层清理掉,可见完整的底部形貌。

裂纹源 O 点的深度与硬度梯度拐点深度一致。裂纹从 O 点逐渐向四周扩散并延伸到表面,见图 5-32。

缺陷名称:渗碳热处理过程内裂

处理状态:磁粉探伤

如图 5-33,渗碳件在磨加工后,因内部裂纹的存在,在探伤时表层出现聚磁现象,聚磁线较粗,散乱,擦掉后裂纹不可见。

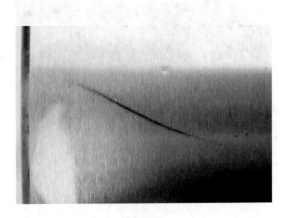

图 5-33

图 5-34

缺陷名称:渗碳热处理过程内裂

处理状态:双解剖面状态

表面聚磁零件破碎后形貌,一条裂纹暴露在两个垂直的剖面。

裂纹出现在中心位置,处于渗碳层过渡区内,还未穿透渗碳层(图 5-34)。在中心未渗碳区内扩展,也说明零件心部为拉应力而渗碳层为压应力。

缺陷名称:渗碳热处理过程内裂

处理状态:断口自然状态

小挡边位置内裂,表层脱落。观察断面,可见两种明显不同的断口形貌,属于渗碳工艺不当导致的废品,见图 5-35。

图 5-35

图 5-36

缺陷名称:渗碳热处理过程内裂

处理状态:断面 4% 硝酸酒精浸蚀

小挡边位置内裂。在外观未见裂纹存在的区域沿轴向解剖套圈,依旧可见内部裂纹,存在于渗碳过渡区,并沿过渡区扩展,见图 5-36。

缺陷名称:渗碳热处理过程内裂

处理状态:断口自然状态

如图 5-37,裂纹起源于内部过渡区并沿过渡区扩展。裂纹两侧组织明显不同,断口不同。如果原材料缺陷存在于过渡区位置,则加剧了这种裂纹的产生。

图 5-37

图 5-38

缺陷名称:渗碳淬火内应力开裂

处理状态:断裂后自然状态

滚动体在使用过程中"脱壳"。由于淬火滚动体表层与心部硬度出现急剧变化,硬度梯度陡峭,使用过程中裂纹在硬度急剧变化层扩展,导致类似蛋壳脱落状态,见图 5-38。

缺陷名称:渗碳热处理过程内裂

处理状态:轴承使用后状态

渗碳处理工艺不合理使滚动体次表层出现裂纹,在使用过程中,裂纹多次扩展,最终表层脱落,导致轴承报废。

如图 5-39,每个脱落块均存在一个点状裂纹源,从内向外开裂。

图 5-39

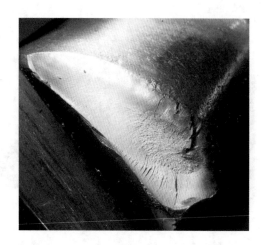

图 5-40

缺陷名称：渗碳热处理过程内裂

处理状态：轴承使用后状态

渗碳处理工艺不合理使滚动体倒角存在较大的内应力并形成内裂，在使用过程中裂纹扩展导致倒角掉块并留下不同的裂纹扩展纹（图 5-40）。

渗碳滚动体倒角位置内部裂纹出现的概率要远大于在滚动体次表面出现裂纹的概率。

缺陷名称：渗碳热处理过程内裂

处理状态：轴承使用后状态

滚动体掉角破碎，裂纹为两次扩展，两次裂纹扩展痕迹的粗糙程度具有明显差别（图 5-41）。

在一次开裂痕迹四周，存在二次开裂，但二次开裂的厚度要明显小于零件渗碳层深度。由此可以推定，一次开裂的时间在零件二次淬火之前。

图 5-41

图 5-42

缺陷名称：渗碳淬火裂纹

处理状态：抛丸后状态

星形套渗碳淬火后，沿沟道外形轮廓开裂，见图 5-42。

这也是因为渗碳工艺不合理导致的一次淬火裂纹，裂纹沿过渡区扩展最终扩展到外表层，裂纹沿工件外形分布，深度几乎相同。

缺陷名称:渗碳淬火裂纹

处理状态:浸油喷砂状态

汽车传动轴承星形套渗碳一次淬火裂纹。

由于零件壁厚变化较大,淬火时生产较大的热应力和组织转变应力,导致淬火时裂纹沿轴向在壁厚最小的沟道开裂,见图5-43。

图 5-43

图 5-44

缺陷名称:渗碳淬火裂纹

处理状态:磨加工后磁粉探伤

汽车传动轴承星形套渗碳一次淬火裂纹在磨加工后裂纹形态(图5-44)。

在沟道可以出现单条或多条平行裂纹,裂纹细小,磁粉擦拭后几乎不可见,与磨削裂纹有相似之处。

缺陷名称:渗碳层不均匀

处理状态:剖面 4% 硝酸酒精浸蚀

典型的渗碳不均。15# 钢冲压渗碳件,由于装炉方式不合理,工件内部渗碳气氛不能进入内径或气氛流动性差,导致渗碳层出现内外不均现象,见图5-45。

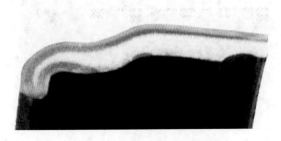

图 5-45

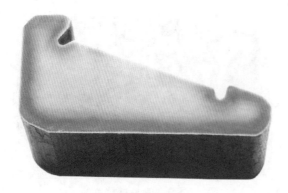

图 5-46

缺陷名称:工作面无渗碳层

处理状态:剖面 4% 硝酸酒精浸蚀

圆锥轴承内圈在磨加工后,沟道无渗碳层,硬度严重不足(图 5-46)。

渗碳轴承套圈为压模淬火,由于磨具尺寸调整问题或套圈车工尺寸偏差,导致沟道磨量很大而将渗碳层磨削掉。

缺陷名称:套圈淬火变形

处理状态:平台摆放的自然状态

渗碳轴承套圈经压模淬火后摆放在平台上,因套圈出现锥度,两套圈之间上下缝隙大小不同,见图 5-47。这属于模具调整问题。模具不当,还会出现中部凹进的马鞍形变形。

图 5-47

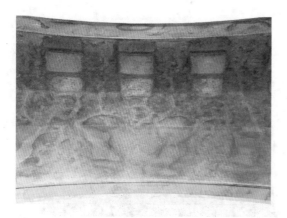

图 5-48

缺陷名称:套圈淬火变形

处理状态:内径压模淬火状态

如图 5-48,套圈下沟道有比较模糊的压痕,说明套圈淬火时模具与套圈未完全接触、压实。

当此痕迹为一周分布时,是上下模具尺寸不同,造成套圈锥度变形;当其 180° 对称面上下痕迹相反时,是上下模具中心不一致,会导致套圈椭圆变形。

缺陷名称:工件表面氧化

处理状态:渗碳一次淬火后状态

淬火槽外置式渗碳设备,套圈渗碳后在出炉室停顿时间长,造成表面氧化,见图5-49。

轴承零件渗碳后,在炉内扩散气氛下进行淬火,表面不存在氧化和脱碳,在普通井式渗碳炉内渗碳然后出炉淬火,工件在高温状态总会接触空气,导致表面氧化,但比较轻微,只有在高温并在氧化气氛状态停留时间长才会导致如此重度氧化。

图 5-49

图 5-50

缺陷名称:淬火硬度不均

处理状态:硬度检测

保温不足导致硬度不均(图5-50)。相关标准中,规定了滚动体检验硬度的方法,如果从端面外侧向内检验硬度,可以发现心部硬度低。

缺陷名称:淬火软点

处理状态:硬度检测

软点,多是由于个别位置加热不足及冷却能力不足导致的。在轴承套圈内外径及端面,偶尔会出现个别区域硬度不足,经酸浸蚀后,出现局部黑斑,黑斑位置的硬度明显低于正常位置硬度,见图5-51。

图 5-51

图 5-52

缺陷名称：硬度检测磨偏

处理状态：平面磨后自然状态

热处理工序间硬度检验，因打磨手法错误，打磨局部区域深度超出磨加工留量，形成凹陷，低点因无磨量保留了打磨痕迹及硬度点，见图 5-52。

缺陷名称：硬度检测磨偏

处理状态：平面磨后自然状态

零件在热处理后经抛丸处理，在钢丸冲击力的作用下，打磨痕迹比较模糊或完全消失（图 5-53）。

在微观上与车加工凹陷的区别是：利用 4% 硝酸酒精浸蚀，在凹陷与磨削面交界处不存在脱碳。

图 5-53

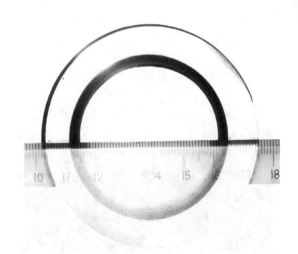

图 5-54

缺陷名称：硬度检测磨偏

处理状态：平面磨后自然状态

为挽救硬度检验造成的磨偏，套圈在磨削时特意倾斜，以便挽救，但由于打磨深度太大，虽然套圈端面宽度出现了差别，但打磨的局部尺寸依旧不足，见图 5-54。

缺陷名称:淬火裂纹

处理状态:感应淬火自然状态

图 5-55 所示为沟口加热温度高导致的轴向沟口淬火裂纹。

选择合适的感应器和加热间隙,可以很好地控制沟口温度与沟道温度一致或略低于沟道温度,合适的淬火延迟时间也可以达到相同的目的。

图 5-55

图 5-56

缺陷名称:淬火裂纹

处理状态:感应淬火自然状态

感应器与齿根间隙小,在齿面温度达到淬火温度的同时,齿根加热温度偏高,在淬火液冷却下以热应力为主导致齿根淬火开裂,见图 5-56。

缺陷名称:淬火裂纹

处理状态:感应淬火自然状态

热处理过程中,机械装置运动失灵,感应器在同一位置加热时间较长,出现凹陷,接近局部熔化状态,在自然冷却后出现横向裂纹,是典型的加热温度高造成的横向裂纹,见图 5-57。

在热处理过程中,特别是感应加热,不应单单注重工艺参数是否正确,还应该重视设备的稳定性、辅助设施的稳定能力等。

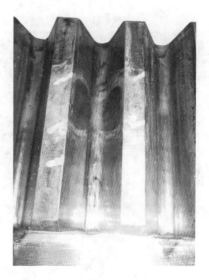

图 5-57

图 5-58

缺陷名称:软带接口裂纹

处理状态:感应淬火自然状态

加热电源切断晚,加热结束区完全进入起始加热区内,导致出现软带裂纹(图 5-58)。

裂纹出现在起始加热高温影响区的边沿,与套圈受热区形状完全吻合。

缺陷名称:起始点裂纹

处理状态:感应淬火自然状态

在起步加工瞬间,感应器与工件产生吸附,造成两者间隙变小,工件表面温度急剧增加,在随后的冷却中造成起始点开裂(图 5-59)。

裂纹出现在沟道一侧,说明感应器与工件沟道间隙不同。

图 5-59

图 5-60

缺陷名称:起始点裂纹

处理状态:感应淬火自然状态

起始功率大,在起始位置组织发生急剧变化,裂纹出现在组织变化的边沿位置,见图 5-60。

在设备功率输出方式不能改进的情况下,人工控制缓慢增大加热功率,也可以减少裂纹的产生。

缺陷名称:起始点错误

处理状态:感应淬火沟道磨加工状态

感应加热起始点距堵球口太近,导致堵球块边沿及堵球口边沿淬火(图5-61)。此缺陷在生产过程中不会认为是废品,但在轴承使用过程中,边沿淬火层出现碎裂,脱落后的碎块进入滚道,阻碍钢球旋转而出现滑动摩擦,最终使保持架断裂,轴承失效。

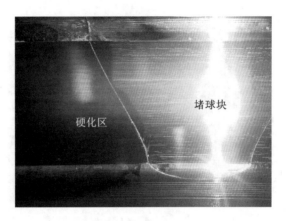

图 5-61

图 5-62

缺陷名称:辅助保护过度裂纹

处理状态:感应淬火自然状态

当中档边宽度不足时,需要采用辅助冷却保护以加工沟道,避免高温回火,但过度的保护导致其开裂,见图5-62。

过度保护形成的裂纹与淬火裂纹基本相同,可以为周向,也可以是轴向。

缺陷名称:返修退火裂纹

处理状态:感应加热自然状态

感应器发生偏移,导致沟道一侧退火温度高而产生退火开裂,见图5-63,其裂纹特点是宽。

加热后的自然冷却,由于马氏体组织转变量很小,工件热胀冷缩,表面形成很大的拉应力,退火时加热温度高,更容易出现裂纹。

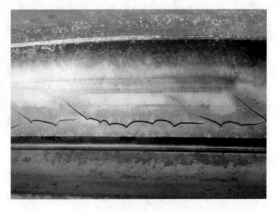

图 5-63

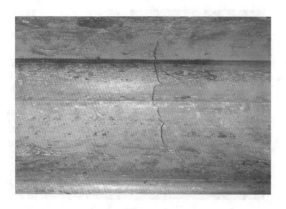

图 5-64

缺陷名称:返修退火裂纹

处理状态:感应加热自然状态

感应器与工件间隙小,沟底加热温度明显高于沟口位置,导致沟道底部出现与感应器加热形状一致的退火裂纹,见图 5-64。

退火加热温度高于淬火温度时,底层自冷淬火使表层拉力激增。

缺陷名称:淬火硬度不合格

处理状态:拆套轴承自然状态

淬火硬度不合格也属于废品的一种形式。

转盘轴承在受重载力状态下,钢球接触到沟口位置,因沟口硬度低,受挤压形成凹坑,见图 5-65。

图 5-65

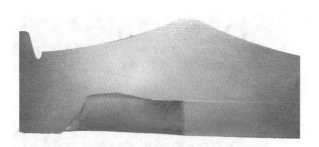

图 5-66

缺陷名称:轴承套圈内应力

处理状态:线切割状态

剖分轴承套圈,在线切割过程的后期出现碎裂,见图 5-66。

套圈在热处理淬火后,内部存在很大的应力,虽然经过回火处理,应力并不能完全消除,当套圈未经夹持处于自由状态下进行线切割时,切割后期应力造成套圈撕裂。

缺陷名称:轴承套圈内应力

处理状态:线切割状态

剖分轴承套圈,在线切割过程中内部出现撕裂,见图 5-67。

工件内部存在较大的拉应力,在切割过程中内部出现撕裂,由于未破坏工作面,轴承安装后,不影响剖分面间隙,对轴承使用性能影响很小。

图 5-67

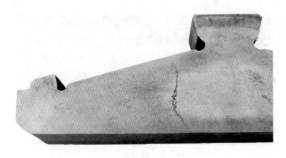

图 5-68

缺陷名称:轴承套圈内应力

处理状态:硝酸酒精浸蚀状态

剖分轴承套圈,在线切割过程中内部出现碎裂(图 5-68)。用硝酸酒精浸蚀,裂纹出现位置为过渡区。浸蚀后的色泽差别,揭示了内应力来源。

缺陷名称:轴承套圈内应力

处理状态:线切割状态

剖分轴承套圈在线切割过程中倒角碎裂并形成凸起(图 5-69)。由于凸起部分影响到安装时切割面间隙,需要打磨处理。

剖分轴承线切割,除切割时应注意夹持外,还应从工作面开始切割,并在非工作面结束。

图 5-69

6 磨削缺陷

磨削是利用高速旋转的砂轮等磨具加工工件表面的切削加工。磨削能改变零件尺寸和表面粗糙度，属于精加工，加工量小、精度高。磨削加工是轴承加工最重要的工序之一，是轴承精度保证的最后屏障。

磨削可以分为贯穿磨、切入磨、摆头磨、范成磨、无心磨等多种方式。磨削质量与设备稳定性、磨削液质量、砂轮硬度及脱粒性、操作者水平诸多因素相关。上述因素不合格会影响到磨削面粗糙度、直线性、精度等，严重时出现磨削烧伤及磨削裂纹。

磨削裂纹是磨加工不当的最终表现，极具危害性，虽然裂纹细小并且很浅，但由于裂纹底部很尖，在受到外力冲击后很容易开裂。磨削除出现磨加工裂纹外，磨削烧伤也不能忽视，除诱发裂纹产生外，会造成表层硬度因局部的高温回火而降低，使零件的接触疲劳性能下降。

6.1 磨削特点及影响磨削的因素

磨削，可以认为是以砂轮微细砂粒边角作为刀具的一种切削加工，相当于很多细小刀具同时完成车削，同时伴有挤压、摩擦。而两金属之间的挤压、摩擦，砂轮与金属之间的挤压、摩擦，都产生热量。因此，磨削热是产生磨削烧伤、裂纹及影响磨削精度的最基本原因。

磨削加工时在砂轮和工件接触区不可避免地产生大量的磨削热，从而形成局部瞬时高温状态，使组织发生变化。磨削热与砂轮质量、磨削进给量、冷却条件有关。有研究表明，在极短的时间内可使表面局部温度达到 $1000\sim1500℃$，工件在这种瞬时高温的作用下容易造成不同程度的热损伤（包括表面烧伤和裂纹），形成磨削变质层，某些部分形成氧化变色就属于比较明显的变质层，可根据表面颜色判断烧伤程度，一般烧伤依色变深而变重，依次是白、黄、褐、紫、蓝，图 6-1 的工件表面色泽介于黄褐之间。

图 6-1 套圈粗磨外径烧伤的色泽变化

　　磨削导致工件色泽变化,磨削烧伤严重时,不经过任何手段也可以观察到;但因为磨削是一个连续的过程,即使零件表面磨削变质层或色泽发生变化,而后续的磨削可以进行掩盖,造成假象。

　　判定磨削后的工件是否存在磨削烧伤,最简单有效的方法是经过酸洗检验。工件酸洗后,在表面湿润时,应立即在散光灯下目测检验,正常表面呈均匀暗灰色。如表面存在烧伤,一是表面沿砂轮加工方向呈现暗黑色斑块,二是呈现黑或银白色线条或断续线条状。如在磨加工过程中出现上述烧伤现象,必须及时分析原因,采取有效措施加以解决,杜绝批量烧伤。

　　正常工序间检验磨工烧伤、裂纹,可以通过冷酸洗、探伤等方法,但为了更清晰地观察裂纹或检验磨削烧伤的严重程度,宜采用热酸洗。

　　热酸洗检验前需进行回火处理,目的是消除磨加工应力,检验当前存在的裂纹;热酸洗前不进行回火处理,在磨削应力和晶间腐蚀作用下,磨削烧伤区域裂纹数量增加,可检验磨削烧伤的严重程度。热酸洗一定严格按规程操作,操作不当时,不能显示存在的缺陷,或将因热浸蚀过度而出现裂纹。

　　图 6-2 为粗磨过程有严重烧伤的套圈在进行冷酸洗后的表面形态。在装配前抽检冷酸洗后的表面形态,线条状分布的黑色区域为高温回火层,银白色区域为二次淬火层。虽然套圈经精磨工序磨削,零件表面色泽恢复到正常的金属光泽而进入成品阶段,但粗磨时产生的变质层因具有一定深度而保留到了成品状态,使轴承疲劳强度降低。所以,磨加工烧伤自粗磨阶段就应该严格控制,不能因为精磨可以掩盖粗磨烧伤就对粗磨放宽磨削标准。

　　磨加工烧伤的变质层,一般可以分为二次淬火层和高温回火层,其微观状态见图 6-3。

图 6-2　套圈冷酸洗后表面状态

图 6-3　磨加工烧伤的变质层组织形态

　　高温回火层是因为磨削热导致零件局部温度超过正常回火温度,引起基体局部马氏体组织回火。高温回火层是磨削烧伤必然存在的组织特征,温度越高,浸蚀后回火层色泽越深,其厚度越深。

　　二次淬火层是磨削产生的热量导致局部温度高于钢的奥氏体转变温度,足以使磨削表面薄层重新奥氏体化,形成奥氏体组织,在随后的冷却水冷却或通过基体金属吸热产生自冷淬火成为淬火马氏体组织,形成二次淬火。因二次淬火层没有经过回火阶段,不易受硝酸酒精溶液浸蚀,呈现白亮色。

　　只有在磨削烧伤严重的情况下才会出现二次淬火层这种组织,它不是必然存在的组织。当存在二次淬火层的情况下,高温回火层位于二次淬火层边沿。

　　影响磨削质量的因素很多,应从设备稳定性,磨削液的冷却质量,磨削进给量,工件、砂轮转速及砂轮质量等各个方面考虑,以减少磨削颤动和磨削时热量的产生。

　　(1)设备

　　作为磨削的主要工具,设备的完整性及性能的稳定性极为重要,除正常的设备点检外,应随时注意设备是否存在问题并进行设备维修。主轴弯曲、颤动,轴承磨损、配合间隙过大、产生径向跳动,工件与砂轮线速比不合适,砂轮压紧机构或工作台“爬行”,无心夹具磁力不满足吸力要求等因素,都会影响到磨加工产品质量。

　　(2)砂轮

　　砂轮由一些微小刀具的砂粒构成,在高速旋转时对工件起到车削作用。所以,选择砂轮时,要注意砂轮磨料、粒度、硬度、结合剂、形状和尺寸、脱粒性、粗细(粒度)等,并避免使用静平衡不好或平衡未校的砂轮,防止砂轮自振过大。

　　在使用过程中,应及时修整砂轮,用修整工具将砂轮修整成形或修去磨钝的表层,以保持砂轮磨粒的微刃等高性、各个微小刀具的锋利性,恢复工作面的磨削性能和正确的几何形状。及时、正确地修整砂轮,是提高磨削效率和保证磨削质量不可缺少的重要环节。

　　砂轮的种类也是使用的指标之一。比如,刚玉类砂轮磨削钢件比用碳化硅砂轮磨削时产生的热量低;选用中软砂轮要比硬砂轮磨削产生的热量低。从结合剂来看,树脂或橡胶结合剂的弹性好,不易出现烧伤。

　　对于已经使用很长时间并应用效果很好的某种规格砂轮,尽量不要更换生产厂家。因为不同厂家,即便是生产同一规格的砂轮,其质量也会有不同程度的差异。在更换后,有时出现“不服”现象,在更换新砂轮时,需要尝试着试用,以便确定是否适合原有的加工参数。

　　(3)磨削液

　　现在轴承生产过程中均使用湿磨法,磨削液的功能之一相当于冷却水,在磨削加工过程中,主要起到带走磨削热,给零件起到降温的作用。同时,化学成分配比合适的磨削液,还具有润滑、清洗防锈等性能,它对于防止工件烧伤、改善工件表面精度、提高工件及机床防锈能力、延长机床和砂轮的使用寿命等方面起着非常重要的作用,所以磨削液在粗、细、精磨各阶段表现得非常重要,平时要注意磨削液的使用温度、添加物浓度及配比。

　　在砂轮与工件磨削面之后注入磨削液,大量的磨削液不可能在磨削的同时进入磨削面,因而无法降低磨削点位置的磨削热。磨削液只能使砂轮和零件的磨削点在磨削后瞬时受到冷却。磨削热过大时,磨削液起到使零件表面二次淬火的作用或急冷作用下的表面金属冷缩效应,因而事实上加大了磨削裂纹的产生。所以,磨削液的正确浇注方式以及维护是提高工件表面质量的关键。

（4）操作

零件与砂轮的线速度比须控制在 1/30 到 1/60 之间，在保证砂轮最大尺寸时的极限线速度下，应选择较高的速度，即选择最大的皮带轮。

随着磨削的进行、砂轮的消耗，砂轮直径变小，线速度降低，如果要求零件的线速度与砂轮的线速度符合磨削要求，就要及时调整变速箱转速，改变零件的线速度。所以在磨加工设备上，给定了至少两个速度的调整空间，需要很好地利用。

磨削对进给量有一定要求，要合理选取磨削量：

①磨削深度不能选得太大。磨削进给量增大，工作表面区域温度随之升高，烧伤程度加大。较小的进给量可以降低磨削温度。有快进功能的磨削设备，要防止快进时砂轮直接接触工件，即非工作进刀时砂轮与工件接触，导致撞击，造成磨削烧伤。对于变形较大的套圈，更应注意。

②当横向进给量增大时，磨削区域表面温度反而降低，散热条件得以改善。

③当工件转速增大时，磨削区域表面温度上升，而热作用时间缩短，工件得到有效冷却，可减轻表面烧伤。

6.2　烧　　伤

不同原因下的零件表面烧伤，表现各不相同，但基本有规律可循。根据烧伤外观不同可分为以下几种。

（1）全面烧伤

全面烧伤是工件表面均匀烧伤，在工件表面形成深度相近的变质层。磨削后的工件，在酸洗后色泽也基本一致。由于工件表面色泽深浅也受酸洗程度的影响，容易在判断上失误，所以全面烧伤属于容易忽略的一种磨削烧伤。

造成全面烧伤的主要原因如下：

①砂轮太硬或粒度太细、组织过密、脱粒性差等。

②进给量过大。

③工件转速过低、砂轮转速过快。

④磨削液供量不足、冷却差。

（2）振纹烧伤

在磨削面上均匀分布的等距直线型磨削烧伤，称为振纹烧伤，是由砂轮不平衡引起的，特别是在内圆磨削更易产生。砂轮相对工件的移动或者说砂轮对工件磨削的压力发生周期性变化而引起振动，这种振动可能是强迫振动，也可能是自激振动，因此工件上的直波振纹往往不止一种。振纹烧伤的严重程度与磨削进给量大小有关。

柱状烧伤也类似于振纹烧伤，是因无心夹具磁力不足，工件随着砂轮旋转产生瞬时滑动而产生的。我们将磨过的工件沿垂直于轴心线截一横断面并放大，可看到其周边近似于正弦波，称之为多角形，见图 6-4。

造成振纹烧伤的主要原因如下：

①砂轮静平衡不好或砂轮变钝。

图 6-4 柱状烧伤

②砂轮硬度太高。

③砂轮主轴轴承磨损,配合间隙过大,产生径向跳动。

④砂轮压紧机构或工作台"爬行"等。

⑤工件夹紧力或吸力不足,在磨削力作用下,工件存在停转现象等。

⑥垂直进给量太大。

⑦设备系统的震动。

（3）螺旋线痕迹

烧伤呈螺旋状在磨削面分布,螺距基本一致,这些螺旋线的螺距与工件台速度、工件转速大小有关,同时也与砂轮轴心线和工作台导轨不平行有关。

造成螺旋线烧伤的主要因素如下:

①砂轮的母线平直性差,存在凹凸现象,在磨削时,砂轮与工件仅是部分接触,当工件或砂轮数次往返运动后,在工件表现就会再现交叉螺旋线且肉眼可以观察到。

②砂轮上有破碎剥落的砂粒和工件磨削下的铁屑积附在砂轮表面上,为此应将修整好的砂轮用冷却水冲洗或刷洗干净。

③磨削压力过大。

④磨削进给量大的同时横向进给量大等。

⑤工作台导轨润滑油过多,致使工作台漂浮等。

（4）鱼鳞状烧伤

磨削面由小块状烧伤组合成大面积烧伤,呈鱼鳞状,见图 6-1。在磨削时,零件与砂轮发生"啃住",形成了断续磨削产生的现象,此时振动较大。

造成鱼鳞状烧伤的主要原因如下:

①砂轮表面有垃圾和油污物。

②砂轮变钝、未修整或修整不够锋利。

③金刚石紧固架不牢固,金刚石摇动或金刚石质量不好、不尖锐。

④磨削进给量大。

⑤砂轮硬度不均匀等。

（5）斑状烧伤

斑状烧伤是在磨削表面呈现出的单一局部块状或单一条带状烧伤,多是开始磨削阶段,对进给量控制不准确,砂轮撞击工件造成的。斑状烧伤一般伴随开裂。

局部斑状烧伤也与零件变形及留量有关,由于磨削余量不均匀、磨削厚度不一致,特别是在自动快进磨削设备快进阶段,因调整的预留间隙太小,变形大的套圈及留磨量大的滚动体端面,极易与砂轮撞击,冷却液不充分或进给量过大,或砂轮钝化等原因形成斑状烧伤。

(6)支点磨伤

一般在轴承套圈磨削时,为保证工件的稳定性和磨削面的直线性,往往采用支点对工件起到支撑作用。支撑点小或安装角度不合适,单位面积内支撑力大,当套圈旋转时,金属与金属的摩擦在套圈表面形成支点烧伤。通过套圈传递的砂轮施加力的大小,也决定了支点的烧伤程度,严重时形成微细裂纹。

图 6-5 为支点存在问题时形成的不均匀支点磨痕:一是支点面为凹形,两侧起到支撑作用;二是支撑面倾斜,两侧受力不均;三是支点包容面积小,而工件较重,支点与工件不匹配。

图 6-5　支点磨痕

(7)磨削面拉毛

在磨削面有单条或多条沿磨削方向呈不规则线状分布的划伤,具有一定深度,在放大镜下可见底部金属光泽。

造成拉毛的主要原因如下:

①粗磨时遗留下来的痕迹,精磨时未磨掉。

②冷却液中粗磨粒与微小磨粒过滤不干净。

③粗粒度砂轮刚修整好时磨粒容易脱落,并形成浮砂。此种情况下,拉毛在磨削面上随机性出现,没有任何规律。

④材料韧性失效或砂轮太软。

⑤磨粒韧性与工件材料韧性配合不当等。

⑥砂轮存在个别不易脱落的大砂粒,属于砂轮质量问题。此种情况下,拉毛在磨削方向上呈规律性排列。

(8)表面粗糙度达不到要求

轴承零件的表面粗糙度均有标准和工艺要求,但在磨加工和超精加工过程中,因种种原因,往往达不到规定的要求。

造成工件表面粗糙度达不到要求的主要原因如下:

①磨削液不充分或浇注点不对。

②无进给磨削时间过短。

③砂轮粒度太粗或过软。

④修整砂轮的金刚石不锐利或质量不好。

6.3　磨　削　裂　纹

在磨削过程中或磨削后零件表面形成的裂纹称磨削裂纹。磨削裂纹仅仅是磨削损伤的一种形式,是磨削缺陷的终极表现。有些裂纹用肉眼可看到,有的需用一定的检验方法。裂纹产生的原因是零件表层磨削产生的热应力及引发的组织转变产生的内应力超过了材料的断裂极限。磨削裂纹的产生,与磨削后的冷却存在紧密联系。

(1)磨削裂纹

根据磨伤的严重程度,裂纹的形态各不相同,由一条裂纹到多条裂纹不等,见图6-6。最严重的情况下,先后不同时间形成的一个个微小裂纹就连成了网络状,即俗称的龟裂,见图6-7。

图 6-6　单条的蛇形磨削裂纹

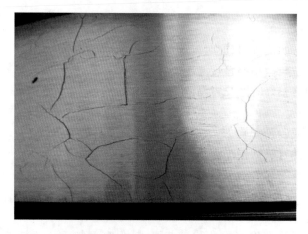

图 6-7　多条磨削裂纹形成的龟裂

(2)磨削碎裂

如工件壁薄,套圈两端面在两侧旋转方向相反的砂轮磨削下,沿端面上所受的切向力相反的方向形成扭转力矩。当两侧砂轮硬度匹配不当,特别是砂轮硬度较大时,砂轮表面已磨钝的磨粒不能及时脱落,使砂轮的磨削能力大大下降,从而使砂轮与工件间的压力增大、套圈所受扭矩猛增,达到其强度极限时,工件就会碎裂。

6.4　磨削缺陷与热处理的关系

　　既然磨削裂纹产生原因是零件表层磨削产生的内应力及引发的组织转变产生的内应力超过了材料的断裂极限,那么,零件的原始组织和残余应力必然会影响到磨削过程中裂纹的产生及其他磨削缺陷。

　　(1)热处理淬火组织过热及残余奥氏体

　　淬火钢中的残余奥氏体,在磨削热作用下更易发生组织转变而产生磨削裂纹。

　　过热的淬火组织本身强度低,在相同拉应力作用下,更易开裂形成磨削裂纹。

　　(2)淬火后回火不充分

　　零件内部残存的内应力较大、套圈变形超差等原因,与磨削应力的叠加,易导致磨加工过程中出现磨削裂纹。

　　(3)套圈磨削过程中的变形

　　一些采用盐浴淬火的薄壁、轻载系列轴承套圈,在磨加工时,零件尺寸不断发生变化,比如外径完成磨削的套圈再磨削内径后,外径出现椭圆。即使将套圈进行高温回火,磨削时采用很小的进给量,能使这一现象得到改善,但不能得到彻底的解决。

　　作为淬火介质,盐液中水含量不合理,是导致出现此类问题的根本原因,所以,热处理淬火应严格按工艺执行。

6.5　第二类磨削裂纹

　　磨削裂纹的深度除与磨削应力有关外,也受热处理残余应力大小的影响,所以,不同工件的磨削裂纹,深度有很大差别。在零件内应力较小的情况下,由于磨削变质层很薄,且瞬间磨削区域很小,形成的裂纹一般都很浅,这是一种普遍现象。但对于内应力大的轴承零件,磨削裂纹,会不同于这种形态。这样的磨削裂纹并非密集分布,也不一定存在单条的蛇形裂纹状态,裂纹长而数量少,集中在套圈外径,而不穿透套圈截面,见图6-8。在承受很小外力冲击时发生破碎,其断口形貌见图6-9、图6-10。我们把这种深度较大、有别于常规的磨削裂纹称为第二类磨削裂纹,是近几年随着热处理条件的改变出现的一种新的表现形式。

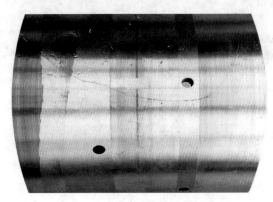

图 6-8　深度磨削裂纹外观形貌

　　图 6-9 为贝氏体淬火工件因工艺不当在工件表面整体磨削后的开裂断口。作为断裂的裂纹源,磨削产生的起始裂纹比较深,可达 5～8mm,甚至更深,其整个磨削断口面裂纹扩展方向均是从表面向内扩展到一定深度形成等深磨削裂纹。

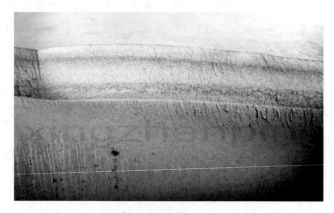

图 6-9　深度磨削裂纹之一

　　图 6-10 所示为工件大部分表面采用硬车方式进行,只在存在油孔的局部表面进行磨削的效果。其磨削裂纹形貌与图 6-9 所示裂纹相似,一次裂纹为等深磨削裂纹,但仔细观察,两者裂纹形态有很大差别,由于断口比较细腻,此特征很容易被忽略,细节见图 6-11:裂纹起源于磨削面,从表面向内扩展到一定深度,但在车工面位置,裂纹在一定深度内(箭头位置)横向扩展,形成了人字扩展纹,最终形成与磨削位置等深的裂纹,有别于普通的磨削裂纹形成规律。

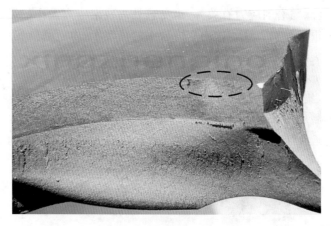

图 6-10　深度磨削裂纹之二

　　磨削产生的应力,只是使零件局部表面开裂的一个诱因,但因其原始应力的存在导致裂纹在一定深度下(箭头位置)横向扩展,裂纹的最终深度和形态,原始内应力大小起到了决定性作用,使磨削面和车工面的裂纹深度一致。

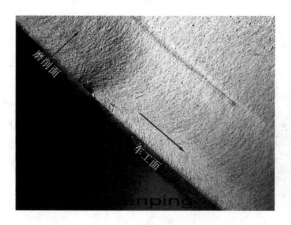

图 6-11　深度裂纹扩展过程痕迹

6.6　典型磨削缺陷图例

缺陷名称:磨削面拉毛

处理状态:磨削面自然状态

在磨削面有单条或多条沿磨削方向呈线状分布的划伤,分布具有随机性,比较容易被忽视,见图 6-12。

拉毛是由冷却液中粗磨粒与微小磨粒过滤不干净或砂轮存在个别不易脱落的大砂粒导致的。

图 6-12

图 6-13

缺陷名称:磨削硌伤

处理状态:磨削面自然状态

冷却液中粗磨粒与微小磨粒过滤不干净或砂轮存在个别不易脱落的大砂粒,在砂轮挤压力作用下伤损滚道,见图 6-13。

这种损伤,其形状极不规则,呈任意形态。

图 6-14

缺陷名称:滚动体外径粗磨烧伤

处理状态:磨削面自然状态

成品的磨加工精度,只是针对最终精磨状态,而忽视对粗磨的控制。为提高生产效率,盲目增大磨削进给量,导致工件表面出现"磨糊"状态,并伴有震纹,为大的挤压力导致工件出现瞬间停顿造成的,见图 6-14。

缺陷名称:滚动体外径粗磨烧伤

处理状态:硝酸酒精侵蚀状态

工件经过精磨,粗糙度达到了技术要求,但经硝酸酒精浸蚀后,可见工件表面因粗磨产生的条带状二次淬火层的残留,见图 6-15,说明磨削淬火层具有一定深度。

图 6-15

图 6-16

缺陷名称:套圈表面粗磨震纹

处理状态:磨工初期表面状态

在倒角未磨削部分和磨削面交界处,可见微小的波浪痕迹,说明砂轮的磨削深度呈波动状态,表现在工件的表面出现几乎等距的条纹,见图 6-16。

套圈带有一定的锥度,未带档边一端磨削略重。

缺陷名称:钢球表面磨削烧伤

处理状态:成品冷酸洗状态

钢球在研磨时,其运动是无规律的,当钢球连续进入研磨滚道内,钢球之间相互挤压或砂轮、研磨板存在硬质点时,在钢球表面形成凌乱的条带状磨削淬火层,见图6-17。

当钢球表面出现磨削烧伤时,一般是批量性的。

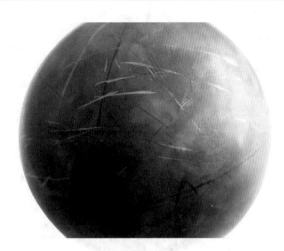

图 6-17

图 6-18

缺陷名称:套圈支点裂纹

处理状态:成品热酸洗状态

较宽的支点可以有效减少支点磨削烧伤,但一定要保证支点的平整度,使整体与工件接触起到支撑作用。当支点不平时,会出现单点支撑,单位面积内承受的力可以使工件支点位置产生磨削烧伤或磨削裂纹,见图6-18。

缺陷名称:套圈档边磨削裂纹

处理状态:磁粉探伤状态

调心轴承内圈,以中单边为支撑点进行内径磨削,由于径向磨削力大导致档边出现龟裂,见图6-19。

仔细观察可见,探伤时因材料疏松,在套圈沟道磨削面上出现带状聚磁现象。

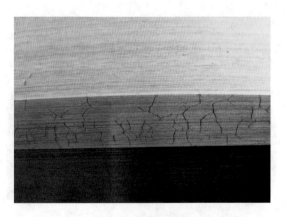

图 6-19

图 6-20

缺陷名称:滚动体端面裂纹

处理状态:成品端面自然状态

滚动体端面中心位置磨削烧伤甚至开裂,是由于滚动体中心位置在磨削前有一定的凸起,见图 6-20,为局部磨削进给量大所致。

图 6-21

缺陷名称:滚动体端面裂纹

处理状态:硝酸酒精浸蚀状态

将滚动体解剖,浸蚀后可见开裂深度和周围磨削产生的热量导致的高温回火层。开裂位置在高温回火区与正常淬火区交界处,见图 6-21。

图 6-22

缺陷名称:滚动体斜坡磨削裂纹

处理状态:磨削后自然状态

图 6-22 所示为球面滚子斜坡磨裂。球面滚动体为更好地与套圈挡边配合而需要磨制斜坡,由于磨削面窄,单位面积内承受的磨削力大,易产生磨削裂纹,磨削时应控制小的进给量。

缺陷名称:滚动体外径磨削裂纹

处理状态:磨削后自然状态

磨削烧伤产生在粗磨过程,由于烧伤严重,磨削产生的热量使磨削表面色泽为褐色并在周围伴生裂纹。

由于粗磨时局部的磨削量大,出现了凹陷,导致精磨后褐色表层得到残留,见图6-23。证实了磨削进给量大易产生磨削烧伤的观点。

图 6-23

图 6-24

缺陷名称:滚动体外径磨削裂纹

处理状态:硝酸酒精浸蚀状态

带有磨削裂纹的滚动体经磨制后,用硝酸酒精浸蚀检验,在磨制的椭圆面四周可见磨削变质层,见图 6-24,是磨削热导致的高温回火。

由于表层淬火组织经过了高温回火,易浸蚀,呈现的色泽与正常淬火组织不同,颜色较重。

缺陷名称:钟型壳肩部磨削裂纹

处理状态:磨削后状态

同滚动体斜坡磨削、套圈档边磨削一样,钟型壳肩部磨削由于磨削面窄,极易产生磨削烧伤和磨削裂纹。

由于磨削裂纹较重,不经过磁粉或荧光探伤,宏观可以看到在壳体肩部分布的磨削裂纹,裂纹与磨削方向基本垂直,见图6-25。

图 6-25

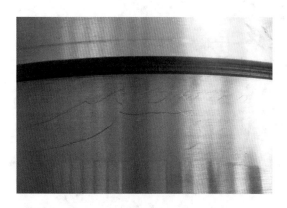

图 6-26

缺陷名称:钟形壳肩部磨削裂纹

处理状态:磨削后状态

套圈沟道有多条蛇形磨削裂纹,磨削烧伤程度远重于出现单条蛇形裂纹的情况,见图 6-26。这是介于单条蛇形磨削裂纹和磨削龟裂之间的一种状态。

沟道一侧出现磨削裂纹,一是由于车工角度偏差造成的磨削量不同,二是磨削时角度调整不到位所致。

缺陷名称:球面轴承外圈沟道磨削裂纹

处理状态:磨削后自然状态

球面轴承外圈沟道磨削多为磨削效率很高的反正法磨削,采用大的进给量,使砂轮与沟道发生撞击,产生弧状裂纹,开裂部分翘曲,继续磨削,翘曲部分磨掉,视觉上裂纹很宽,边沿存在撕裂痕迹,见图 6-27。

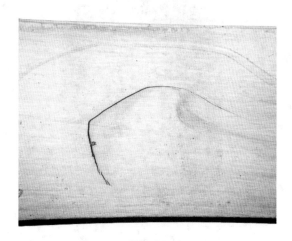

图 6-27

图 6-28

缺陷名称:套圈端面磨削裂纹

处理状态:磁粉探伤状态

微细的磨削裂纹具有一定的隐蔽性,宏观状态下比较难发现,多用磁粉探伤或荧光探伤。

磨削裂纹更多是沿垂直于磨削方向产生,见图 6-28。

缺陷名称:套圈端面磨削裂纹

处理状态:磨削后自然状态

端面出现严重的磨削开裂翘曲。磨削产生多条裂纹时,磨削应力和组织应力得到消除。磨削产生单条裂纹时,在组织应力和磨削应力作用下裂纹横向延伸,沿高温回火与正常淬火区交界处撕裂并发生翘曲,见图6-29。

图 6-29

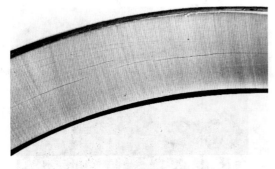

图 6-30

缺陷名称:套圈端面磨削裂纹

处理状态:磁粉探伤状态

在套圈端面的局部位置,裂纹垂直于磨削方向,呈圆周方向分布,见图6-30。

由于与锻造凹陷开裂分布方向基本一致,易发生误判,其与锻造凹陷裂纹的区别在于裂纹周围无脱碳。

缺陷名称:套圈端面磨削裂纹

处理状态:磁粉探伤状态

磨加工时套圈端面开裂后,因热处理后残余应力作用,裂纹两侧出现错位现象,见图6-31。在磨削后,一侧原始的车刀痕迹依旧存在,说明两侧磨削量不同。

裂纹错位,是由淬火后残余应力所致。

图 6-31

图 6-32

缺陷名称:沟道边沿磨削凹陷

处理状态:磨削后自然状态

在设备运行中因电力故障导致液压系统失灵、砂轮轴下沉,砂轮在工件磨削面形成磨削坑,见图 6-32。

双沟磨削采用同轴双砂轮一次性磨削,所以上下沟道磨削面磨削坑形态形同。

缺陷名称:套圈端面酸洗裂纹

处理状态:热酸洗自然状态

酸洗前没有进行消除应力的回火,热酸洗前后裂纹数量激增,见图 6-33。

在热处理回火充分的情况下,工件进行热酸洗,裂纹只出现在有磨削烧伤的位置。

图 6-33

7 电击伤

电击伤作为一种独特的缺陷，可以出现在轴承零件加工过程中任何一道工序。零件上电击伤部位是无规律的，如何分析这些电击伤产品并通过分析确定电击伤所发生的工序、大概时间等，是本章的主要内容。本部分通过对不同形式的电击伤产品进行分析，试图阐述不同工序产生的电击伤的特点及电击伤发生时间对零件组织的影响。

7.1 淬火加热过程中轴承零件与加热体接触形成的电击伤

典型的轴承零件在热处理淬火加热过程中产生的电击伤，多发生在工件在炉膛内加热及工件运动过程中。由于热处理炉使用时间较长、缺乏维护，外挂的加热体支撑部件明显减少，轨道弯曲变形，凹凸不平。这样的热处理设备在生产过程中，由于料盘运行不平稳产生震动、零件摆放不合理而倒塌、加热体脱落等原因，零件与加热体直接接触，形成短路状态。在很短的时间内，零件与加热体短路状态使接触部位产生高温而呈熔化状态，形成特定的电击熔化坑。个别时候，由于通电时间较长，产生较大的熔化区，并且熔化的金属产生流动，流动的液体金属遇到温度在熔点以下的其他部位时，金属凝固而黏结在零件的其他部位，形成呈凸起状态的滴流，形态见图7-1。由于加热体多为耐高温的合金材料，如Cr20Ni80、铁铬铝等，其熔点与轴承零件材料GCr15、GCr15SiMn、G20Cr2NiMo、G20Cr2Ni4A等熔点有差异，熔化坑内很少见零件本身材料之外的金属物质，只有个别时候由于零件与加热体接触时间长，部分加热体会熔化，残留在零件表面，但加热体熔化的量很少。零件与加热体接触的时间长短不同，在零件表面的熔化坑内，外来金属存在的多少也不同。

图 7-1　零件与加热体接触电击伤外观特征

图7-2是将轴承零件电击伤部位端面进行磨制，用4％硝酸酒精浸蚀所表现出的色泽差别。由于不同的金相组织抵抗浸蚀剂浸蚀的能力不同，电击伤处经磨制浸蚀后表现的外观色

泽差别代表了电击伤位置及周围组织与正常组织存在差异。在金相显微镜下，色泽浅的部位组织为极粗大的针状马氏体，色泽暗的部位组织为正常加热温度下的金相组织。

图 7-2　电击伤处经磨制浸蚀后表现的外观色泽差

在图 7-2 照片中色泽深浅相交接的位置上，用 500 倍金相显微镜观察组织变化，如图 7-3 所示。

在图 7-3 中所标注的白线两侧，组织明显不同，一侧是受热温度极高的粗大马氏体，另一侧为正常的淬火马氏体，组织的变化几乎没有什么过渡，在能观察到的所有视场内均无屈氏体存在。

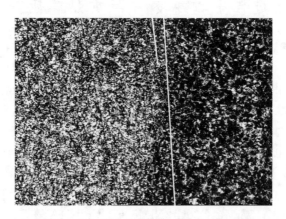

图 7-3　与加热体接触击伤交接处组织特征

零件电击伤后具有图 7-1 所示外部特征的情况下，通过分析电击伤坑周围组织的变化，针对连续作业炉可以确定电击伤发生的位置，针对周期炉可以确定电击伤发生的时间。

根据零件在热处理炉内电击伤后随时间变化所表现的组织特征，我们可以进行理论推断：由于零件与加热体接触部位发生电击伤瞬间温度很高，表面金属处于熔化状态，而内部区域温度依然处于当时正常的加热温度状态，由表至里产生一个温度梯度，其温度梯度如图 7-4 实线所示。如果在电击伤后很短的瞬间内立即淬火，原熔化区域依然具有比正常加热温度高很多的温度，相对于零件材料本身为极度过热状态，此区域在淬火后组织呈现为粗大的马氏体，在熔化区与正常组织之间组织形态没有过渡，出现一面高温组织，一面正常组织状态的情况，本书所选产品（图 7-3）就属于这种情况之一。

随着电击伤后停留时间的延长，熔化区内的热量通过金属的热传导向未熔化区扩散，导致熔化区温度逐步降低，未熔化区温度逐步上升，其温度梯度随时间的延长而变化，如图 7-4 虚线 2、3 所示。在淬火后熔化区组织呈现为马氏体针逐渐变细，与正常组织之间出现平滑过渡区且过渡区不断扩大。如果电击伤发生在连续炉的前端或箱式炉加热的开始阶段，零件最终电击伤熔化区温度与正常区域温度趋于等同并趋于正常加热温度，如虚线 4 所示。在热处理淬火后,两个区域内组织基本相同甚至完全相同。因原熔化区的淬火组织与淬火时的温度密切相关,而温度与零件电击伤后到淬火入油的停留时间相关,所以,在淬火后可以依据组织的形态确定电击伤发生的时间。如果零件电击伤后在炉膛内停留时间较长,使整体零件温度变为一致,其淬火后组织也趋于一致。

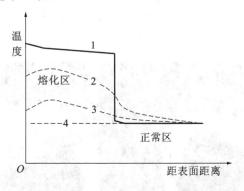

图 7-4   电击伤后零件的温度梯度

7.2   最终热处理淬火前的电击伤

产品在热处理前放置状态,也有可能产生电击伤,情况比较复杂,但由于零件还要进行最后一次热处理,我们统称为最终热处理淬火前电击伤。

在此阐述的是渗碳零件在二次淬火前,并且是零件与加热体没有直接接触的击伤形式。即使在普通的非渗碳零件,由于非直接与加热体接触,比如与炉底板接触产生的击伤同样会产生如图 7-5 所示的击伤痕迹。这样的痕迹是由于零件与接触体之间有电流通过时,个别部位瞬间高温并形成了微小区域熔化并焊接,在外力分离后,表现的是许多深浅和大小不一的凹坑,而不是类似于与加热体直接接触产生的大面积的熔化痕迹。将零件表面磨制抛光后经 4‰硝酸酒精浸蚀,坑的边沿部位与其他非击伤位置色泽一致,如果用硬度计检验,坑的边沿部位硬度与正常位置的硬度是一致的。零件解剖后分析金相组织,除异金属和夹杂、氧化皮外,不会有组织上的区别。

图 7-5   最终热处理淬火前电击伤

　　在这些坑底部用肉眼或借助放大镜可观察到类似锻造过烧粗大晶粒的疤痕,个别时候可以观察到外来金属。这些外来金属是确定零件在发生电击伤时是与其他什么物体接触的有利证据,有利于判定电击伤的时间和工步。

　　渗碳的轴承零件是摆放在渗碳架并随渗碳架一同进入渗碳炉进行处理的,零件接触的是渗碳架,所以在渗碳炉内的电击伤,击伤坑内总会存在渗碳架的材料成分,见图 7-6。图中,白亮层就是与零件接触物在电击伤发生后,在零件击伤坑的残留,是一种耐腐蚀合金。

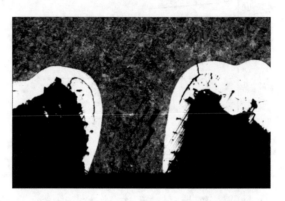

图 7-6　最终热处理之前电击伤的组织特征

　　有的时候零件没有进行渗碳处理而是放置在车间内,但在附近进行电焊操作时,若电流线碰到渗碳架或装零件的放料盘,装载物和零件间有电流通过也会产生此类电击伤。这种情况可以通过微区分析,以确定外来物质的成分、零件发生电击伤的时间,从而做出比较准确的判断。

　　在零件与硬物冲击形成的冲击坑内也可以看到类似于图 7-6 的白亮层,其白亮层是由于冲击在零件表面形成应力层抗浸蚀造成的,在重新加热淬火后这种白亮层消失,取而代之的是正常的淬火组织。但电击伤坑内的白亮层与应力造成的白亮层的最大区别就是零件经重新加热处理后,电击伤坑内表面的白亮层依旧存在,耐腐蚀金属依然会保留。

　　从击伤坑周围零件本身应具有的组织来看,这种电击伤的组织也具有明显的特征,白色外来物质下层的组织与没有击伤位置的组织相同,不存在高温回火层及过渡区,这是由于电击伤形成的高温回火层在重新淬火后,原有的电击伤组织形貌发生了改变。

7.3　最终热处理淬火后的电击伤

　　有些人认为,电击伤总是出现在热处理过程中,这实际是错误的。经过实验证明,在热处理淬火完成后的工序中,包括回火、放置、探伤在内的各个工序,都有可能出现电击伤,但这种电击伤也具有明显的特征而有别于最终热处理淬火前及热处理过程中的电击伤。

　　图 7-7 为在磨加工后发现的电击伤产品,应该发生在热处理淬火后、磨加工前的一段时间内。这是由电击伤坑周围的物质残留状态判定的,如果是出现在磨加工后,零件表面不会如此平整。

　　零件经 4%硝酸酒精浸蚀后,在击伤坑周围出现明显的高温回火层,因不抗浸蚀而呈现出颜色差别。颜色较暗的区域用硬度计检验,其硬度一般要低于正常要求的硬度而有别于正常区域。

图 7-7 零件最终热处理后电击伤外观特征

将零件解剖分析,在显微镜下可以见到如图 7-8 的金相组织。图 7-8 由电击坑、高温回火区、正常组织区组成。黑色区域就是因为在发生电击时产生的热量使原有正常组织进行了高温回火,这种组织因不抗浸蚀而呈暗黑色。

图 7-8 击伤坑及击伤产生的高温回火组织

硬度检测也可以说明问题,在黑色区域,硬度为 HRC45～HRC50,正常组织区域硬度为 HRC60～HRC61,说明黑色区域经过了高温回火,硬度降低。由于电击伤坑不存在外来物质,因此我们无法确定与零件接触的物质。

零件电击伤后的形态,也与发生电击伤的瞬间电击体的温度有关,电击体的温度比较低时,往往造成工件的熔化、电击体不熔化或轻微熔化。

7.4 感应加热电击伤

采用中频或高频感应加热淬火时,也会时常出现电击伤现象。加热感应器与加热面间隙调整不合理、设备运行不稳定、感应器强度或导流板强度不足、通电的瞬间产生强大磁场引起感应器颤动等,都可能导致感应器与工件接触产生电击伤。这种方式形成的电击伤比较严重,熔化区域比较大、熔化坑比较深,多数会造成电击伤废品。由于感应器用冷却水冷却,电击体温度很低,瞬间与工件接触导致加热表面产生电击伤,感应器本身不发生熔化现象。

造成感应加热电击伤的另一方面原因是对感应器维护不当。在感应器使用过程中,会吸附加工面未清理干净的车工铁屑,使感应器体积"膨胀",吸附于感应器的铁屑与工件接触也会产生电击伤。在一般情况下,这一方面的因素产生的电击伤比较轻,击伤坑底部过热层比较浅,在有一定磨削留量的情况下不会形成废品,但对于精密零件即留量很小的工件,轻微的电击伤也会形成废品。所以,平时要注意感应器的维护和保养。

采用不同形式的淬火机床,电击伤表现的形式也有所差别。图7-9为在立式淬火机床加工产品时沟口熔化情况,感应器与边沿工件轻微但连续接触,导致沟口金属熔化,由于普通立式淬火机床倾斜角度为70°左右,所以沟口熔化区在滴流左侧,形成的滴流流向沟道内。

图7-9　沟口轻微熔化

滴流最大高度为2.5～3.0mm,并具有完整性,顶部无蹭伤痕迹,说明电击伤发生在加热感应器尾部(感应器间隙2.0mm左右),金属熔化后呈自由状态向下方流动,直到脱离加热区金属自冷或被淬火液冷却,形状固定。

对于严重电击伤形成的较大的电击伤坑,可以通过改变沟道尺寸来挽救,前提是尺寸改变后的套圈强度必须满足技术要求。同工件停滞产生的局部金属熔化一样,坑底组织必然为过烧、过热的粗大组织,所以重新淬火前,必须采用一定的热处理方法改变原电击坑底部组织。

另外,目前感应加热设备多安装有跟踪器,用来控制和调整感应器与工件淬火面的间隙,在很大程度上减小了电击伤的产生概率。特别是感应器上安装的防撞片,见图7-10,基本可以杜绝电击伤的产生。

图7-10　带防撞片的感应器

感应加热电击伤的产生,是由于感应器与工件之间存在比较高的电压差。改变电源方式,使感应器与加热工件电压差很小时,电击伤就不会形成。低电压电源和触电保护系统的使用,有效防止了严重电击伤的产生。

7.5　焊接击伤

严格意义上讲,零件的焊接击伤不归属电击伤范畴,但由于与电击伤具有一定的相似性,所以在此探讨。

焊接击伤基本分两种情况,简单的火焰击伤和焊接附带异金属(焊条)击伤。火焰的高温导致零件的局部高温回火、硬度降低、局部的金属熔化等,附带有异金属的火焰击伤。除上述特点外,焊接击伤的表层会有融化后喷射到击伤区的异金属。

在金属熔化区域内,可以见到明显的金属流动痕迹。在熔化区边沿,会出现高温回火层。图 7-11 为焊条在套圈端面短时点接触形成的形态,熔化的焊条焊接在工件表面形成凸起点,在凸起点周围,因温度变化,色泽不同于正常位置。

图 7-11　套圈端面的点焊凸起点

7.6　典型电击伤图例

缺陷名称:热处理电击伤、出料前的短时电击伤

处理状态:平面磨后自然状态

电击伤出现在套圈倒角位置,加热体温度处于较低状态下所发生的。由于电击时间较短,造成套圈局部轻微熔化,见图 7-12。

因加热元件熔点高不发生熔化现象,工件熔化处不存在外来物质。

图 7-12

图 7-13

缺陷名称:热处理电击伤、出料前的电击伤

处理状态:热处理后自然状态

加热体与套圈接触时间较长,造成套圈比较大面积的熔化,见图 7-13。

加热体温度处于较低状态下发生的电击伤,套圈倒角熔化的金属流落到套圈的端面形成滴流。

缺陷名称:热处理电击伤、出料前的电击伤

处理状态:热处理后自然状态

由于加热体与套圈接触时间略长,造成套圈比较大面积的熔化,见图 7-14。

电击伤发生在上下摞放的两套圈中间位置,但一个套圈电击伤很轻微,上下套圈没有焊合,套圈分离时在熔化区域接触位置出现一个小平面。

图 7-14

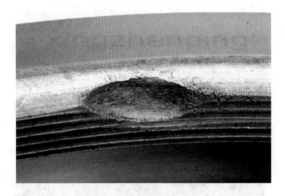

图 7-15

缺陷名称:热处理电击伤

处理状态:热处理后自然状态

发生电击时,工件与电击体出现明显的位移。在电击熔化坑一侧或尾部可见溅射出去的熔化金属颗粒。同时在熔化坑内,出现相互位移,产生擦痕,见图 7-15。

缺陷名称:探伤电击伤

处理状态:磨削后状态

探伤电流调整不合理造成电击伤。

探伤产生的电击伤多为圆形,严重的电击伤产生一定深度的电击坑,见图7-16。电击坑可以为多点,也可以为单点,因产生电击后有又经过了细磨工序,电击坑边沿特征消失。

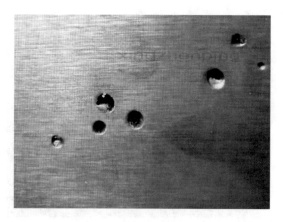

图 7-16

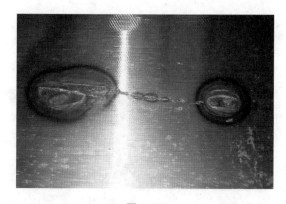

图 7-17

缺陷名称:探伤电击伤

处理状态:磨削后状态

探伤时接触式充磁,瞬间大电流在接触点位置形成的电击伤。在击伤斑中心呈现金属熔化状态,在周围形成高温加热区,见图7-17。

对于大工件探伤,因需要使用大电流,不适用采用接触式充磁。

缺陷名称:探伤电击伤

处理状态:车加工后状态

击伤斑中心呈现金属熔化及周围形成高温加热区,依靠基体金属的吸热作用,达到"淬火"作用,此部分硬度要明显高于周围基体硬度,在车加工时挡刀形成凸起,见图7-18。

因中心融化区及热影响区硬度不同,车加工后呈现了两种状态。

图 7-18

图 7-19

缺陷名称:电击伤

处理状态:滚道精磨状态

图 7-19 中为磨加工过的套圈与管状或中心凹陷的带电金属棒接触产生的电击伤,圆形金属凸起为外来金属。圆形中心位置因为未受到破坏,依旧保留了磨加工产生的磨削纹路。

缺陷名称:热处理电击伤

处理状态:断面磨削状态

不同于加热元件对零件的电击伤,因接触的金属熔点与零件相近,也存在熔化,溶入零件金属基体内。使得在电击坑的周围色泽与周围正常区域不同,坑底存在异类金属氧化色泽,见图 7-20。

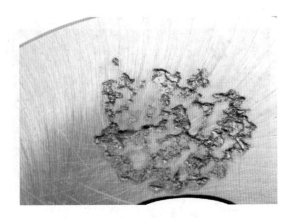

图 7-20

图 7-21

缺陷名称:热处理电击伤

处理状态:4‰硝酸酒精浸蚀

零件解剖用 4‰硝酸酒精溶液浸蚀,磨工状态下坑周围类似经过了高温回火的组织呈白亮色泽,确定为非零件基体金属,说明凹坑为外来物质击伤,见图 7-21。

除白亮金属外,基体组织正常,说明电击伤出现在二次淬火之前。

缺陷名称:焊接补缺

处理状态:端面磨削自然状态

多种原因会导致零件某部位"缺肉",会采用补焊的方式挽救零件,由于焊接水平一般,在补焊面上,出现焊接孔洞及焊接裂纹,裂纹内有氧化物存在,见图7-22。

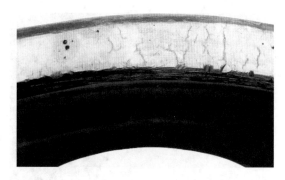

图 7-22

图 7-23

缺陷名称:焊接击伤

处理状态:击伤区自然状态

图7-23所示为焊接其他工件时对套圈产生的误伤。

在熔化区域内,可见基体金属和铜焊条熔化后流动的痕迹,根据流动的痕迹,能分析出焊枪所在的位置及方向。

缺陷名称:感应加热电击伤

处理状态:热处理自然状态

感应器位置偏移,与工件连续的轻微接触产生条带状电击伤,击伤区域内金属熔化。

由于采用卧式淬火机床加工套圈,形成的滴流向下即向沟口方向流动,见图7-24。

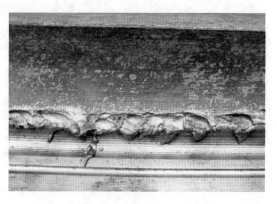

图 7-24

缺陷名称：感应加热电击伤

处理状态：滚道电击状态

由于导流板强度不足，热处理过程中感应器发生颤动，与工件出现非连续的轻微接触，产生断续的击伤坑，见图7-25。

击伤坑内，呈现金属熔化再凝固状态，坑边沿可见熔化金属飞溅颗粒。

图 7-25

缺陷名称：感应加热电击伤

处理状态：滚道粗磨状态

电击伤程度不同，在粗磨后痕迹残留的形态不同，坑的深浅、大小也不相同，见图7-26。

严重的电击伤具有一定深度，会导致产品留量不足而报废。

图 7-26

8 腐蚀与磕伤

8.1 腐　　蚀

金属由于与周围介质的化学作用或电化学作用引起的破坏叫作腐蚀。腐蚀的产物多吸附在其表面,表现出色泽的差别。一般的腐蚀多是以局部腐蚀形式出现,比如斑状腐蚀、凹坑腐蚀、点状腐蚀、晶间应力腐蚀、腐蚀破裂等。当腐蚀比较严重时,可以观察到腐蚀坑。

腐蚀剂的种类大概可分为酸(水)、碱(水)、盐(水)、水、异金属等。最简单的事例就是我们用手去摸一件很干净的金属,一段时间后,在金属的表面会明显出现指纹痕迹,因为人的汗水是酸性的,即使在触摸后给工件涂防锈油,也阻止不了指纹痕迹锈蚀的产生。

在盐浴淬火的零件的倒角、油沟等位置,经常可以看到密集分布的细小麻点,这是由于盐液没有清洗干净,残留的盐液对工件造成的腐蚀,见图 8-1。随着时间的延长,小麻点会逐渐增大、加深。

图 8-1　工件表层淬火液残留

轴承零件磨削前的一般锈蚀不会引起废品的产生,只有锈蚀很严重的情况下出现比较深的腐蚀坑才会保留到成品状态。腐蚀坑的特点比较明显,其四周边沿不规则,坑底凹凸不平,也可以根据坑的边沿圆滑情况,判断出腐蚀出现的工序。

锈蚀存在于轴承制造的任何一个环节,有的锈蚀虽然不能引起废品产生,但也会产生一定的不良后果。如渗碳产品在渗碳前的锈蚀会影响渗碳效果,使渗碳层出现不均的现象。

铬轴承钢减少氧化脱碳比较简单可行的办法是在淬火前给零件表面涂硼酸酒精。但硼酸酒精浓度不能太高,若用过饱和硼酸酒精溶液或 20% 以上的硼酸水溶液浸涂,则容易在零件表面局部出现沉积,淬火时在沉积处产生严重腐蚀坑。对形状复杂的零件,在凹槽处应注意涂均匀,否则也会发生局部腐蚀。

此外,盐炉处理的工件也常因盐浴成分不纯、淬火温度过高、工件表面不洁、淬火后清洗除盐不及时等原因引起严重腐蚀。但针对产生原因采取有效措施,腐蚀是可以避免的。

零件温度的提高,会加速金属的腐蚀速度。异物的存在,也是产生腐蚀坑的原因之一,所以零件在热处理前,需要保持表面的光洁,去除附着的异物。

8.1.1　常见的轴承锈蚀

（1）片状黄斑

片状黄斑的特点是面积大、深度浅、容易发现,主要原因是大气含有水分、灰尘和侵蚀性气氛,空气流动性大的季节、炎热或潮湿的情况下,很容易产生这种锈蚀。

（2）蜂窝状孔蚀

蜂窝状孔蚀的特点是较大块状、表面凸出、色黄疏松、表面的黄锈容易擦掉,但在其下面呈蜂窝状黑色蚀坑,一般出现在盐浴淬火的零件上。

（3）手指印痕

手指印痕主要是汗水引起的,这样的腐蚀因产品表面精度高而发现。在使用防锈油做防锈时很忌讳赤手拿工件,这样汗水较易与零件先接触,不仅达不到防锈效果,反而因为汗水在油的覆盖下不能挥发使工件锈蚀更重。

（4）黑点锈

黑点锈的特点是面积小、深度大,在日光下不易观测,在灯光、放大镜下可以看清晰,主要原因是零件带有残磁,吸附在砂轮面,杂质物在金属表面造成电化学腐蚀,产生不规则的黑点锈。

8.1.2　晶间应力腐蚀

工件在内应力作用下,会加快腐蚀速度,应力越大,效果越明显。图8-2为淬火软点工件在冷酸中长时间浸蚀的状态,图8-3为感应淬火工件经长时间热酸浸蚀的状态,可见淬硬区更容易被浸蚀,这是由于淬火组织为非稳定组织,所以,在零件热处理淬火后,更应该注意对工件的防锈工作。

图8-2　淬火件冷酸浸蚀　　　　　　　　图8-3　淬火件热酸浸蚀

（1）防锈水

防锈水指含一定量水溶性缓蚀剂的水溶液,具有使用方便、安全、经济等特点,主要用于工序间的零件防锈处理。最常用的防锈水是以亚硝酸钠 $NaNO_2$ 为主要防锈添加剂的,亚硝酸钠的加入量提高,防锈能力提高。以碳酸钠为附加剂,调节防锈水 pH 值,使防锈水的 pH 值在 9～10 的范围内。

亚硝酸钠是一种强氧化剂,在铁的表面形成一层氧化物膜,亚硝酸根离子对钢铁的缓蚀作用是由于它强烈地阻滞了金属腐蚀的过程,使金属产生了钝化,阻碍了铁与其他物质接触造成的溶解,降低了铁与其他物质的反应能力。亚硝酸钠适合用作黑色金属的防锈水。

随着科技的发展,防锈技术不断提高,目前市场上各种水剂防锈产品很多,所以也可以按一定的比例使用专用的防锈液,但价格相对较高。任何防锈水,都有一定的使用环境和寿命要求,当防锈水变质时,不仅起不到防锈作用,反而对工件进行锈蚀。

(2)防锈油

在基础油中加入一定量的油溶性缓蚀剂(防锈添加剂),用汽油做溶质稀释,采用浸涂或喷淋的方式使用于制品或成品阶段。

稀释后的防锈油涂在零件表面,油溶性缓蚀剂在金属表面定向吸附,形成牢固、致密的吸附膜,基础油分子则分布在空隙中,形成了组合性多分子吸附膜,防止水、氧与金属接触,防止了金属发生锈蚀。

8.1.3 磷化锈蚀

磷化是一种化学与电化学反应,在工件表面形成一层磷酸盐化学膜,应用到轴承生产上,同轴承零件硫化一样,主要起到防锈和减摩润滑作用。磷化作为轴承装配前的最终工序,对于增加轴承使用寿命起到很好的作用。但如果处理不当,会导致出现过度磷化腐蚀及出现表面裂纹。

目前,磷化被普遍使用在防止轴承零件的发黑上,更多是为了轴承的美化,失去了其应起到的作用。

8.2 磕 伤

外部物质或轴承零件相互的撞击、冲击,会使轴承零件局部变形及碎裂。造成轴承零件磕伤的前提是外物硬度不小于当时状态下的轴承零件硬度,并具有一定的冲击力。

磕伤首先影响外观,其次影响质量,甚至产生废品。不能只认为轴承零件终磨时的磕伤才会影响质量,应考虑整个过程,特别是车工留量压缩,很小的磕碰伤都会导致磨量不足,使零件报废,也不能因为个别位置的磕伤不影响使用就认可磕伤的存在。

磕伤同锈蚀一样,存在于轴承制造的任何一个环节,零件有运动就会有磕伤产生的可能。机械加工行业,零件磕碰是个令人头痛的问题,多数是在工序间运输过程中产生的。所以从生产或工艺上应考虑少工序、少搬运、少翻转等,合理调度排产,减少不必要的运输环节,减少磕碰伤的产生。

磕伤属于人为因素导致的缺陷,必须对员工进行教育培训,提高员工的技术素质,提升员工的操作责任心,强化员工的质量意识和采取有效提高产品质量工作积极性的措施,使操作者在生产过程,能认真、仔细地把握每一环节:一是轻拿轻放、不允许野蛮操作等;二是在技术上配备工位器具,减小零件相互接触的概率。最简单的方法是用塑料、木质材料做成工序间运输载具即隔离器具,避免零件之间、零件和与之接触的硬物之间的磕碰。

在零件必须相互移动的加工过程中,如滚动体磨削和套圈无心大循环磨削,要考虑掉料方式、高度落差及防撞击隔离垫,避免零件之间接触及零件与硬金属间产生磕伤。在热处理淬火工序中,当需要人工搬运、处理零件时,由于出炉后的零件处于高温状态,此时塑性极大,相互间的碰触甚至零件落地都会产生磕伤。零件在淬火后回火前,脆性大,磕伤极易导致碎裂,更应引起高度重视。

图 8-4　淬火件热酸浸蚀

8.3　典型腐蚀磕伤图例

图 8-5

缺陷名称:材料表面锈蚀

处理状态:自然状态

材料外径呈现片状锈蚀,在一定范围内锈蚀深度变化不明显,在车加工后局部得到大面积的保留,见图 8-5。此种缺陷的产品,在车加工时就应发现,及时挑出,以避免增加热处理及磨加工生产成本。

缺陷名称:材料表面锈蚀、滚动体外径材料锈蚀。

处理状态:磨削后自然状态

中心凹坑较深,坑内凹凸不平,四周呈现众多麻点,凹坑内无任何非金属夹杂存在,见图 8-6。

凹坑内色泽为淬火加热色泽,说明腐蚀出现在热处理前。

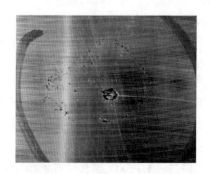

图 8-6

缺陷名称:材料表面凹坑

处理状态:磨工成品自然状态

原材料表面凹坑在滚动体表面残留,见图 8-7。由于凹坑比较浅,车加工时车刀接触到坑底,使凹坑内保留了车刀花纹,说明锈蚀坑在车加工前已经存在。

图 8-7

图 8-8

缺陷名称:材料表面锈蚀

处理状态:自然状态

滚动体表面及倒角锈蚀严重,四周均存在一定深度的锈蚀坑,属于原料锈蚀,见图 8-8。

锈蚀出现的时间,可以根据滚动体穴窝内及穴窝边沿、倒角是否存在锈蚀坑来确定。如果属于材料锈蚀,穴窝内及穴窝边沿不会存在锈蚀坑,只保留在滚动体外径表面。

缺陷名称:套圈端面锈蚀

处理状态:成品套圈端面擦拭后

图 8-9 为由数个小面积区域内的单独锈蚀组成的锈蚀区,各小面积区域内锈蚀轻重程度存在差异。

在锈蚀引起的色泽变化区域内,磨削痕迹未发生变化,说明锈蚀发生在磨加工前,应是热处理后工件表面未清洗干净所致。

图 8-9

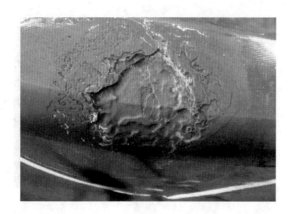

图 8-10

缺陷名称:渗碳介质腐蚀、渗碳滴注点腐蚀坑

处理状态:渗碳后自然状态

在滴注式渗碳系统中,渗碳剂直接滴注在工件上,形成点腐蚀,在渗碳介质存在杂质时,加重了这种反应,见图8-10。

缺陷名称:渗碳腐蚀

处理状态:角磨机打磨状态

图 8-11 为图 8-10 局部打磨后的放大状态。在凹陷处任一位置用角磨机打磨,在磨削处未见任何夹皮存在,在凹陷边沿,分布着一层具有一定深度的腐蚀物。

图 8-11

图 8-12

缺陷名称:过度磷化腐蚀

处理状态:磨加工自然状态

因磷化时间长或磷化温度高,导致过度磷化,在工件表面形成腐蚀坑,见图8-12。

当腐蚀坑深度超过磨削留量时,导致尺寸不足,形成废品。特别是当轴承外圈外径、内圈内径出现锈蚀时,产品报废的概率增大。

缺陷名称:腐蚀残留麻点

处理状态:磨加工后自然状态

图 8-13 为局部区域内腐蚀,在磨削后的残留放大 100 倍的状态。

残留的腐蚀坑很小,日常检验往往不能发现而进入成品状态,由于腐蚀坑边沿组织已经发生变化,在轴承使用过程中,麻点尺寸逐渐扩大。

图 8-13

图 8-14

缺陷名称:淬火软磕伤、零件热状态的落地磕伤

处理状态:倒角打磨状态

零件加热保温后,在热状态下与硬物撞击,导致出现变形及凹坑,在凹坑周围由于金属的变形形成凸起,凹坑内可见车工痕迹的残留,见图 8-14。

缺陷名称:淬火软磕伤

处理状态:外径磨削状态

图 8-15 为典型的零件加热后的落地磕伤,磕伤周围变形区域色泽发暗。

由于磕伤比较严重,挡边内侧金属严重变形、凸起,在磨削外径时,砂轮接触到凸起位置。

图 8-15

图 8-16

缺陷名称:淬火软磕伤

处理状态:外径磨削状态

图 8-16 为典型的零件加热后的落地磕伤。

由于磕伤严重,外径金属的变形使油沟形状发生变化。但由于油沟较宽,沟道磨削时与档边未发生干涉。

缺陷名称:淬火软磕伤、零件加热后的落地磕伤

处理状态:外径磨削状态

热磕伤坑内保留有热处理后零件的表面特征,氧化与脱碳同其他任何车加工面,磕伤周围变形区域色泽发暗的特点也很明显,见图 8-17。

图 8-17

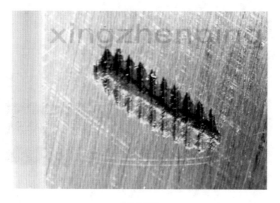

图 8-18

缺陷名称:淬火软磕伤

处理状态:外径磨削状态

零件加热后的落地与线状硬物磕伤,中心线磕伤位置原车刀花已经模糊,但两侧变形下沉的位置刀花在磨加工后得到保留且清晰,见图 8-18。

缺陷名称:淬火软磕伤、零件加热后的落地磕伤

处理状态:热处理抛丸后自然状态

由于加热后的零件硬度比较低,与地面及其他硬物撞击后留下凹坑。在车刀花比较浅的情况下,磕伤坑内不会保留车刀花痕迹,但边沿可见车刀纹的变形,见图8-19。

图 8-19

图 8-20

缺陷名称:淬火硬磕伤

处理状态:热处理后自然状态

图8-20所示为回火前硬磕伤,引发从端面磕伤点到油沟的开裂。

轴承套圈淬火后,在未回火前具有比较高的脆性,特别是档边薄弱位置,在外力作用下很容易产生磕伤,出现块状脱落。

缺陷名称:淬火硬磕伤、回火前硬磕伤

处理状态:热处理后自然状态

套圈的倒角位置极易造成磕伤,出现块状脱落,见图8-21。

从脱落面痕迹来看,此位置经过了两次外力冲击,出现两次碎块。

图 8-21

图 8-22

缺陷名称:淬火硬磕伤、回火前硬磕伤

处理状态:热处理后自然状态

图 8-22 为在倒角相临位置连续的两次外力冲击导致的磕伤。

淬火、回火前硬磕伤都具有相同的特点:磕伤脱落断面与其他位置色泽一致。

缺陷名称:淬火后硬磕伤

处理状态:抛丸后自然状态

图 8-23 所示的磕伤称为蹭伤更确切一些,是由于套圈与硬物之间在挤压力作用下发生滑动产生的蹭伤。

由于套圈经过了抛丸处理,使得蹭伤的凸起及流线痕迹变得相当模糊。

图 8-23

图 8-24

缺陷名称:淬火后硬磕伤

处理状态:显微状态

图 8-24 所示为蹭伤凸起的黏着物微观状态。一般的磕伤及蹭伤,在伤痕位置都会出现应力层,在未回火状态下,因抗腐蚀而使其组织呈现白亮色。

图 8-25

缺陷名称：粗磨后硬磕伤

处理状态：自然状态

套圈端面相邻位置的两次撞击，其中一次撞击造成变形和碎裂，见图8-25。

撞击留下的痕迹切断了磨削流线，说明磕伤发生在磨削后；小图中断口色泽为回火色泽，与套圈端面基本相同，说明磕伤发生在回火前，即磕伤发生在附加回火前的粗磨过程。

缺陷名称：磨削后硬磕伤

处理状态：自然状态

档边磨削后，外物撞击在档边靠近沟道位置，导致局部变形、凸起及开裂，凸起面上保留了磨削流线，见图8-26。

撞击形成的凹坑内色泽为银白色，说明撞击后未进行回火处理。

图 8-26

图 8-27

缺陷名称：磨削后硬磕伤

处理状态：自然状态

球面轴承外圈的内径倒角同轴承档边一样，发生磕伤时最易出现碎裂现象。

与图8-23不同，此工件磕伤并非套圈与套圈之间的碰撞，而是在倒角处理后受圆形的外物碰撞所致，见图8-27。

缺陷名称:磨削后硬磕伤

处理状态:自然状态

硬磕伤发生后,不一定发生碎裂,个别时候在磕伤的短时间内不会出现裂纹,但随着时间的推移,磕伤应力导致的开裂、碎裂依旧会表现出来,见图 8-28。

图 8-28

图 8-29

缺陷名称:硬车前硬磕伤

处理状态:硬车后自然状态

套圈装球口位置未经过磨削或硬车处理,保持热处理后色泽,只有磕伤位置色泽发生变化,见图 8-29;磕伤导致的碎裂面经硬车后平齐,车刀纹连续,说明磕伤出现在热处理后、硬车前。

缺陷名称:磨削过程磕(硌)伤

处理状态:外径磨削状态

轴承滚道在磨削过程中,因异物导致滚道局部轻微磕(硌)伤。

磨削是一个连续的过程,在产生磕(硌)伤坑后,又被新的磨削覆盖,但在磕(硌)伤坑一侧,留下磕伤引起的边沿凸起被磨削时形成的痕迹,见图 8-30。

微小的磕伤不易被发现而进入成品状态。

图 8-30